INVENTORES Y CIENTÍFICOS NEGROS

INVENTORES Y CIENTÍFICOS NEGROS

Yves Antoine

Wanafrica
EDICIONES

Título original: Inventeurs et Savants noirs
L`Harmattan, 2012

© Traducción: Carolina Carrizo Allais
Diseño: Tanit Castán

© De la presente 2ª edición en castellano para todo el mundo:
Ediciones Wanáfrica S.L.
Comte Borrell, 200 1º- 4ª – 08029 Barcelona
www.edicioneswanafrica.com
info@edicioneswanafrica.com

Impreso en España
ISBN: 978-84-17150-31-0
Depósito legal: B 20117 - 2018

Este libro está dedicado
a los jóvenes de todos los países del mundo

AGRADECIMIENTOS

Para llevar a cabo este trabajo, hemos tenido que consultar documentación no siempre disponible o difícilmente accesible. También hemos mantenido, con ciertos especialistas de diferentes ámbitos, numerosas conversaciones de un inestimable interés. Queremos expresar nuestra gratitud a todas las personas que han colaborado con nosotros y nos han apoyado a lo largo de esta empresa. Nuestro más cálido agradecimiento va dirigido a las Sras. Marthe Francoeur y Gaëtane Voyer de la Biblioteca del Colegio de l'Outaouais, a Marie-Laure Girou-Swiderski, a Cécé Marcel de Guadalupe, a Lloyd Stanford, al Dr. Pierre Granier, a la Embajada de Senegal de Ottawa, al profesor de Química Alain Farhi, al Dr. Luc Turnier, al Hermano Ernest A. Even de la Institution Saint-Louis de Gonzague y finalmente a la Dra. Patricia S. Cowings de la NASA que tuvo la amabilidad de proporcionarnos datos de gran utilidad.

Demos por seguro que, si la revolución industrial no hubiese aparecido primero en Europa Occidental y Septentrional, se habría manifestado algún día en otro punto del planeta. Y si, como parece ser, ha de extenderse al conjunto de tierras habitadas, cada cultura introducirá en ella tantas contribuciones particulares que el historiador de los futuros milenios considerará como algo legítimamente fútil la cuestión de saber quién puede, de uno o de dos siglos, reclamar la prioridad sobre todo el conjunto.

Claude Levy-Strauss,
Race et Histoire
París, Ed. Gonthier, 1961, p.65
Inventores y científicos negros

INTRODUCCIÓN

Sin conocer la aportación científica y técnica de los Negros a la humanidad, Aimé Césaire escribió en su célebre y magnífica obra Cuaderno de un retorno al país natal:

Eiá para los que nunca han inventado nada
para los que nunca han explorado nada
para los que nunca han domado nada[1].

Sin necesidad de remontarnos a las antiguas y seculares culturas africanas[2], podemos afirmar que la contribución del mundo negro a la ciencia y a la tecnología modernas merece ser destacada. Si bien existen numerosas publicaciones en inglés dedicadas a este tema, cabe constatar que se han realizado muy pocos trabajos en francés que destaquen la diversidad del genio de los creadores negros. Entre las obras más interesantes podemos destacar el *Dictionnaire de la négritude* (1989) de Mongo Beti y Odile Tobner y el *Dictionnaire Black* (1995) de Christiane Passevant y Larry Portis. Estos libros muy generales no ponen el acento en los científicos. No obstante, ha sido una grata sorpresa para nosotros descubrir que hay Negros que han realizado descubrimientos científicos e inventos técnicos. Y ello porque semejantes realizaciones no habrían sido posibles fuera de un contexto sociocultural humanamente

1 Aimé Césaire, *Cahier d'un retour au pays natal*, Paris, Ed. Présence Africaine, 1960, p.71

2 Véase Ivan Van Sertima, «The Lost Sciences of Africa: An overview», *Blacks in Science: Ancient and Modern*, New Brunswick (U.S.A.) and London (U.K.), Ed. Ivan Van Sertima 1985, p7-26.
Sería de gran provecho leer al historiador y lingüista senegalés, Cheikh Anta Diop. Su libro Nations nègres et culture publicado en dos tomos en 1954 por la editorial Présence Africaine (París) ha sido reeditado.

favorable y dotado de infraestructuras apropiadas. A este respecto, las palabras de Guy Sorman cobran todo su significado: «En su conjunto, la variedad infinita de la especie humana no prohíbe a ningún pueblo o sexo en particular acceder a las más altas esferas del conocimiento, siempre y cuando, quizás, que un número suficiente, dentro de esos pueblos o de esos sexos, reciba los medios para formarse y para trabajar[3]». El matemático francés René Thom es más incisivo. Según dice, «la ciencia, nunca está fuera de la sociedad, al contrario, siempre es un hecho sociopolítico[4]». Desde esta perspectiva, resulta fácil comprender por ejemplo que el número de científicos negros en Estados Unidos sea restringido y que el público en general apenas los conozca. Más de un factor explica este fenómeno. Por una parte, la comunidad científica siempre ha proyectado la imagen de un universo cerrado, inaccesible; por otra parte, los sectores de actividades como la danza, la música, la política, el deporte, etc., parecen amoldarse mejor a los poderosos medios actuales de comunicación de masas. En efecto, ¿quién no ha oído hablar de Muhammad Ali (Cassius Clay), de Harry Belafonte, de Nelson Mandela o de Pelé? ¿Pero alguien sabe que fue el negro americano Garrett A. Morgan quien inventó los semáforos viales? Sea como sea, los medios de comunicación, a menudo obnubilados por preocupaciones más mercantiles, tienen una gran parte de responsabilidad en la distancia que separa a los hombres y a las mujeres de la ciencia del público en general. Un detallado informe de la Unesco ha puesto el foco en su función y en su estatus todopoderoso: «En el ámbito de la comunicación y en lo referido al establecimiento de los modelos sociales y de la orientación de las actitudes públicas y del comportamiento, el sector privado está dotado de un poder comparable al de los gobiernos, incluso a veces mayor, debido a la importancia de los recursos financieros

---

3 Guy Sorman, *Les vrais penseurs de notre temps*, París, Ed. Fayard, Coll. Le Livre de poche, 1989, p. 12-13.

4 Op. cit., p.63.

en juego[5]». A fin de cuentas, al respetar la ideología dominante en las sociedades occidentales y en particular en Estados Unidos, los medios de comunicación manifiestan poco interés en mostrar al Negro bajo un nuevo enfoque.

En el fondo, la ocultación de las obras importantes del hombre negro se asemeja a una forma de «violencia simbólica» según la expresión de Pierre Bourdieu. Refrena sus anhelos o sus intentos de identificación con modelos legítimos y tiende a anular su propia estima y su confianza en si mismo. Pero hay que precisar que hoy en día, el concepto de «raza», que insinuamos en nuestras palabras, carece de base científica. Esta afirmación se basa en los testimonios de eminentes especialistas. Albert Jacquard escribió: «Resulta imposible clasificar las diferentes poblaciones humanas por razas, a menos de decidir arbitrariamente sus cualidades, lo cual anula la conclusión de cualquier lazo con la realidad. Según el nivel de exactitud que uno intente respetar, podemos enunciar finalmente que o bien no hay razas en nuestra especie, o bien solo hay una, la humanidad, o bien hay tantas como humanos, o que «el concepto de raza no funciona para nuestra especie[6]». Los progresos más recientes en genética han llevado a Arnold Munich, profesor en la Universidad René Descartes-Paris V, a formular ciertas observaciones: «El mapa genético es el mismo para todos los hombres de ayer y de hoy, sea cual sea su etnia, su religión, su color de piel, de ojos o de cabellos. El desciframiento del genoma priva a las ideologías racistas de cualquier fundamento científico[7]». En un folleto publicado en 1978 la Unesco reunió informes de expertos de diferentes nacionalidades bajo el título general, *Declaración sobre la raza y los prejuicios raciales*. Hemos destacado algunos elementos por su marcada contundencia: «No existe en el hombre ninguna raza pura, en el sentido de una población

5 *Voix multiples. Un seul monde. Communication et société. Aujourd'hui et Demain*, France, Les Nouvelles Éditions Africaines et l'UNESCO, 1980, p. 146.

6 Albert Jacquard, *L'équation du nénuphar*, Paris, Ed. Calmann-Levy 1998, p.122.

7 Arnold Munich, «Génome, après le tapage» en *Le monde*, 2 mars 2001, p.18.

genéticamente homogénea[8]». «Todos los hombres que viven en la actualidad pertenecen a la misma especie humana y descienden de la misma estirpe. La división de la especie humana en "razas" es en parte convencional o arbitraria y no implica ninguna jerarquía del orden que sea[9]». La mayor parte de las ideas expresadas en el texto de la Unesco ya se hallaban en la obra monumental de Anténor Firmin (1850-1911) *De l'égalité des races humaines* (Paris, Pichon, 1885, 662 p.). Aclamamos esta obra por sus especiales cualidades. Pone de manifiesto la brillante e inmensa erudición de su autor cuyas reflexiones abarcan las disciplinas más variadas del conocimiento: historia, medicina, antropología, sociología, lingüística, geografía, etc. Al referirse entre otros a Blumenbach, Humboldt o Schoelcher, Firmin socava los sistemas de compartimentos, de jerarquía de «razas» humanas y concluye con la idea de la perfectibilidad de éstas. «*De l'égalité des races humaines* es, según Ghislaine Géloin, un documento excepcional, de un rigor impecable, adelantado a sus contemporáneos[10].» La tesis que defendía Firmin iba a contracorriente del pensamiento de los mayores científicos de aquella época como Paul Broca, un eminente cirujano francés que descubrió el aparato fonador ubicado en la base de la tercera circunvolución frontal izquierda, llamada desde entonces área de Broca. Es fácil imaginar de cuánto valor tuvo que armarse Firmin para oponerse al discurso predominante en la Sociedad de Antropología de París de la cual era miembro. Las explicaciones que propone sobre la deriva de pensadores como Renan, Spencer, Kant, Quatrefages son de un acierto sorprendente.

Asimismo, en la conclusión de su libro, podemos señalar algunas observaciones de lo más pertinentes: «Pensándolo

8 *Déclaration sur la race et les préjugés raciaux*, Paris, Unesco, 1978, p. 39.

9 Ibid, p.45-46.

10 Ghislaine Géloin, Introduction à la nouvelle édition *De l'égalité des races humaines*, Paris, Éditions l'Harmattan, 2003, p. XXII. Traducido al inglés en el 2000 por Garland Publishing, esta obra fue publicada en 2002, en formato bolsillo, por The University of Illinois Press, de Estados Unidos.

bien, es posible que algunos científicos europeos, convencidos hasta ahora de la superioridad de su sangre, constaten con sorpresa que han sido el juguete de una burda ilusión. La situación actual de las cosas, los mitos y leyendas con los que crecieron y que impulsaron el primer destello de su pensamiento, las tradiciones de las que su inteligencia se fue nutriendo, todo parecía arrastrarlos inexorablemente hacia una doctrina o una creencia que las apariencias parecen justificar tan bien[11]». Humanista visionario y defensor del mestizaje, Anténor Firmin acabó por rechazar el concepto mismo de raza que seguimos aún utilizando solo por comodidad de lenguaje. Mongo Beti y Odile Tobner decían de la obra de Firmin: «Ateniéndonos a la lógica, no debemos refutar una petición de principio; basta con citarla para destruirla. Es lo que hace metódicamente Anténor Firmin y, para la filosofía europea de los siglos XVIII y XIX, su libro tiene toda la crueldad de *Las Provinciales* de Pascal hacia la moral jesuita, es decir la pura y simple crueldad de su propia expresión, expuesta a la risa subversiva de la razón[12]». Anténor Firmin, al que Beti y Tobner califican de «genio desconocido» y de «primer pensador de la condición hecha al hombre negro», se esforzaba en desmitificar y en informar.

Inventores y científicos negros pretende ser también una herramienta de información que invita al lector a ampliar su contenido. Ello, debido a la arbitrariedad de nuestra selección. En otras palabras, nos ha sido imposible recopilar a todos los científicos negros de alto nivel, varios de entre los cuales trabajan en laboratorios europeos. Algunos han ejercido su profesión en empresas o en centros de investigación americanos muy conocidos. Citemos, como ejemplo, a la Dra. Evelyn Boyd Granville (nacida en 1924) y a la Dra. Mae Jemison (nacida en 1956) que trabajaban respectivamente al servicio de IBM y de la NASA.

---

11 Ibid., p.403

12 Mongo Beti y Odile Tobner, Dictionnaire de la négritude, París, Ed. L'Harmattan, 1989, p.111

Nuestro proyecto no es otro que el de contribuir, en los ambientes francófonos, a la labor de dar a conocer la aportación de inventores y científicos de raza negra a la civilización universal. Los escritores haitianos Jean F. Brierre y René Piquion publicaron en 1950 un opúsculo titulado *Marian Anderson* en homenaje a esta sublime cantante de ópera. Al escribir esta obra, hemos querido al mismo tiempo perpetuar la memoria de algunos inventores y científicos, restablecer una cierta verdad, y hacer cierta justicia. Podremos darnos por satisfechos si este trabajo logra debilitar, por poco que sea, los prejuicios que aún subsisten en nuestras sociedades donde, desgraciadamente, el racismo todavía persiste.

BIOLOGÍA

Ernest Everett Just

ERNEST EVERETT JUST

(1883-1941)

La mayoría de los biógrafos de Ernest Everett Just lamentan que este eminente investigador no haya podido aportar toda la medida de su talento debido a ciertos obstáculos de índole social o racial con los que tropezó a lo largo de su carrera. Según confiesa, no tuvo otro remedio que exiliarse a Europa un tiempo antes de regresar a su país natal, Estado s Unidos. No importa. Su contribución a la ciencia no es nada desdeñable.

Nacido en 1883 en Charleston, en el sur del estado de Carolina, Just perdió a su padre siendo aún adolescente. Su madre, maestra, se preocupaba mucho por su educación. Tras terminar con éxito sus estudios en la Kimball Union Academy (New Hampshire), Just ingresó en la Universidad de Dartmouth. Sus estudios —en especial de griego y de biología— fueron brillantes. En 1907, obtuvo su *Bachelor's degree*[1] y fue el único de la clase en conseguirlo con matrícula *magna cum laude*. También destacó en historia y en zoología. En 1916, Just obtuvo su doctorado (Ph.D.) en Zoología en la Universidad de Chicago. Pero antes de obtener ese último título, dio clases en la Howard University (Washington, D.C.) en el departamento de inglés y en la escuela de medicina de esa misma institución. Durante varios años, llevó a cabo una serie de investigaciones en el Marine Biological Laboratory (MBL) en Woods Hole (Massachusetts). Como biólogo y zoólogo, Ernest E. Just

1 El *Bachelor's degree* (BA. en Humanidades o BSc. en ciencias, por sus siglas en inglés) en Estados Unidos equivale al primer título universitario obtenido tras tres o cuatro años de formación y se obtiene antes del título de postgrado o *Master's degree* (MA. Título de postgrado en Humanidades, por sus siglas en inglés) y del doctorado (Ph D.).

publicó más de cincuenta artículos científicos y dos obras: *The Biology of the Cell Surface* (1939) y *Basic Methods for Experiments on Eggs of Marine Animals* (1940). Tal y como dan a entender estos títulos, los trabajos de Just se centraron principalmente en la célula y en el tema de la fecundación. En su época, se daba poca importancia al citoplasma, es decir el protoplasma de la célula con exclusión del núcleo. En cuanto al ectoplasma, la parte superficial de la célula animal, prácticamente no se le prestaba ninguna atención.

Tras veinticinco años de investigación, Just afirmó con vehemencia que el ectoplasma resulta ser tan importante como el núcleo y que la célula animal, como unidad viva, depende de los vínculos del núcleo con el citoplasma. Debido a su interacción con el entorno, el ectoplasma ejerce una influencia notable sobre la individualidad y el desarrollo armonioso de la célula. Estas nuevas consideraciones que Just aportó llevaron a los biólogos a cuestionar algunas de sus opiniones en esta materia. Los trabajos de Just tuvieron numerosas implicaciones: por ejemplo, abrieron en cierto modo la vía al proyecto de determinación de sexo y plantearon el problema de la diferencia entre la vida vegetal y la vida animal. Sin negar el papel de los genes en la herencia, Just sostuvo que los agentes hereditarios se sitúan en el citoplasma y que los genes funcionan gracias a las substancias que provienen del citoplasma. Logró demostrar que la fecundación es el resultado fundamentalmente de la reacción entre el óvulo, el ectoplasma del óvulo y el espermatozoide. Así pues, según él, el ectoplasma resulta ser necesario para la fecundación. Junto a sus investigaciones en el laboratorio, Just también colaboró en numerosas publicaciones científicas: *Biological Bulletin, Journal of Morphology, Physiological Zoology*, y en la publicación alemana *Protoplasma*.

Tras convertirse en miembro de la Corporation of the Marine Biological Laboratory, otorgaron a Just numerosas distinciones. Lo nombraron miembro de la American Society of Naturalists, de la American Association for the Advancement of Science y de la American Society of Zoologists de la que asumió el cargo de vicepresidente. Just recibió prestigiosas invitaciones provenientes de Europa: de la Sorbona (París) y del Kaser Wilhelm Institute for Biology (Berlín). En 1915, el gobernador del estado de Nueva York, Charles S. Whitman, le entregó la Spingarn Medal, premio concedido por la NAACP (National Association for the Advancement of Colored People)[2]. Ernest Everett Just, enfermo de un cáncer de páncreas, falleció en Estados Unidos en octubre de 1941 a los cincuenta y ocho años.

2 Esta asociación, fundada en 1909, constituye un grupo birracial e incluye entre sus miembros a nombres muy ilustres tales como el escritor W.E.B. Dubois y el pedagogo y filósofo John Dewey. Tiene como finalidad defender los derechos de los Negros y garantizar su proyección en diferentes ámbitos.

HERMAN RUSSELL BRANSON

(1914-1995)

Es muy raro que se mencione a científicos negros en las obras de referencia o en los artículos científicos. Alabamos la honestidad intelectual de Lionel Salem[1], director de investigación en el CNRS (Centro Nacional para la Investigación Científica de Francia), galardonado con el premio de Estado de la Academia de las Ciencias, y del Dr. Henri Atlan[2], antiguo miembro del Comité Consultivo Nacional de Ética francés. Y es que estos dos investigadores han reconocido en sus trabajos la aportación de Herman Russell Branson a la biología.

Branson, originario de Pocahontas, una pequeña ciudad de Virginia, en Estados Unidos, nació en 1914. Tras sus estudios de secundaria en el instituto Dunbar High School de Washington, estuvo en la Universidad de Pittsburgh durante dos años. Después ingresó en el Virginia State College donde se graduó en 1936 con matrícula de honor *summa cum laude*. En 1939, obtiene el doctorado en Física en la Universidad de Cincinnati. Herman R. Branson tendrá una larga carrera en la enseñanza superior. Durante dos años, impartió clases de matemáticas en la Dillard University (Luisiana). En 1941 ocupó el puesto de profesor asistente en Física y en Química en la Howard University, en Washington. Más tarde, conseguirá el puesto de profesor titular y se convertirá en jefe del departamento de física en esa misma universidad. De 1971 hasta el año de

1 Lionel Salem, *Le dictionnaire des sciences*, Paris, Éd. Hachette, 1990, p.358.

2 Henri Atlan, «Temps biologique et auto-organisation» en *Communications*, Paris, Éd du Seuil, no 41, 1985, p.127.

su jubilación, en 1985, asumió la función de rector de la Universidad Lincoln. Branson era consciente de las disparidades que caracterizaban la financiación estatal de las universidades americanas (negras y blancas).

Por este motivo, en 1970, dirigió un grupo de educadores que fueron a la Casa Blanca a visitar al presidente Richard M. Nixon. Le presentaron una serie de reclamaciones. La administración Nixon les concedió una subvención de 30 millones de dólares. Según el artículo de Michael Elliot, publicado en el *New York Times* del 13 de junio de 1995, Branson había participado, en 1969, en la creación de la National Association for Equal Opportunity in Higher Education. A imagen de los doctores Daniel Hale Williams, William A. Hinton y Louis Tompkins Wright, Herman R. Branson se preocupaba por orientar parte de sus actividades hacia la lucha contra la injusticia social. Así pues, sus esfuerzos se centraban en una mejora de la calidad de la enseñanza superior para sus compatriotas afroamericanos.

Además de su compromiso social y de su carrera profesional, Branson vio cómo sus trabajos lograban obtener un gran éxito. En 1948-49 obtuvo una beca del Consejo Nacional de Investigación que le permitió trabajar en el Instituto de Tecnología de California en colaboración con Linus Carl Pauling (1901-1994), Premio Nobel de Química en 1954. Fue en ese lugar donde Herman R. Branson, Linus C. Pauling y Robert B. Corey establecieron en 1951 la hélice alfa de las proteínas. Esta contribución es de una importancia crucial teniendo en cuenta el papel fundamental que cumplen las proteínas en las estructuras y en las funciones celulares.

Sin duda alguna, la aportación de Branson ejerció una poderosa influencia en el desarrollo de la biología molecular y de la bioquímica. Herman R. Branson recibió varios títulos honoríficos de numerosas instituciones: de la Brandis University, la Western Michigan University, la

Virginia State University, la Universidad de Cincinnati y la Lincoln University. Era miembro de la Sociedad Americana de Química, de la Academia Americana de Física, de la Fundación Carver de Investigación y del Consejo Nacional de Investigación de Estados Unidos. Falleció el 7 de junio de 1995, en Washington, a la edad de ochenta años.

AKLILU LEMMA

(1934-1997)

Jérôme Tubiana escribió, citando las palabras del doctor Legesse Wolde-Yohannes: «Las enfermedades de los pobres no interesan a los inversores occidentales[1]». Apoyándose en esta desoladora constatación, Tubiana destacó lo siguiente: «Un informe reciente de las Naciones Unidas recuerda que, entre los más de 1200 medicamentos comercializados entre 1975 y 1996, solo 13 curan enfermedades tropicales[2]». En cuanto al científico Aklilu Lemma, este había dedicado a ello gran parte de su vida.

Nacido en 1934, en Etiopía, estado de África Oriental, Lemma obtuvo un doctorado en Patología en la Universidad John Hopkins (Baltimore, Estados Unidos). En 1976, trabajó para las Naciones Unidas como consejero principal en asuntos de salud y de desarrollo. En 1988, Unicef (el Fondo de las Naciones Unidas para la ayuda a la Infancia) lo contrató como director jefe adjunto. El doctor Aklilu Lemma ocupaba puestos importantes en su propio país. Fue decano de la Facultad de Ciencias y director del Instituto de Patología de la Universidad de Addis-Abeba. Con la participación de sus colegas y en particular de la del Dr. Legesse Wolde-Yohannes, creó en 1992 la Fundación Endod, que es una institución de vocación científica. La aportación del Dr. Lemma a la ciencia fue el descubrimiento en la planta indígena *endod* de una forma de lucha eficaz contra la esquistosomiasis sobre la que se centraban

---

1 Jérôme Tubiana, « La "miraculeuse" plante éthiopienne », en *Le Point.fr*, 24 de agosto de 2001, p.2.

2 Loc. cit.

sus investigaciones. La esquistosomiasis, antiguamente llamada bilharziasis, es una infección causada por parásitos que penetran en el organismo a través de la piel en contacto con aguas contaminadas. Se alojan en moluscos de agua dulce muy concretos según la especie de gusano. La esquistosomiasis afecta a millones de personas en diferentes continentes: Asia oriental, África, Ámerica del Sur y el Caribe. Esta enfermedad crónica provoca en el hombre trastornos intestinales, esplénicos, hepáticos y urinarios. El Dr. Lemma, enviado en 1964 al norte de Etiopía para llevar a cabo una investigación sobre una erupción cutánea causada por la esquistosomiasis, observó a unas lavanderas que lavaban su ropa en cursos de agua dulce con bayas de endod a modo de jabón. Esta planta muy conocida en África tiene como nombre científico *phytolacca dodecandra*. Lemma se fijó en que en la superficie del agua flotaban numerosos caracoles muertos. Sin embargo, río arriba y muy lejos río abajo, abundaban los caracoles vivos. El Dr. Lemma dedujo que debía existir algún tipo de relación entre los moluscos muertos y el uso del endod como detergente. Esta planta trepadora capaz de alcanzar varios metros de altura crece en casi todas las regiones montañosas de África. Aklilu Lemma, Legesse Wolde-Yohannes, su principal colaborador y su equipo profundizaron sus trabajos y establecieron las diferentes propiedades del endod que destruye las larvas de insectos que viven en el agua y las de los moluscos vectores del paludismo. Sobre el endod, Jérôme Tubiana afirmó: «También puede usarse para la fabricación de anticonceptivos, de píldoras abortivas, de perfumes, de caucho, etc., ...de hormigón ligero[3]».

A pesar de todo, la industria farmacéutica no parece tener prisa en preparar productos a base de esta planta que serían económicamente accesibles para las poblaciones del Tercer Mundo. No obstante, nos alegra saber que el Dr. Lemma obtuvo en vida todo el reconocimiento que

3 Loc. Cit.

merecían los incesantes esfuerzos que dedicó a su trabajo.

El doctor Aklilu Lemma, condecorado con la medalla de oro del emperador Haïlé Sélassié, compartió en 1989 con el doctor Legesse Wolde-Yohannes el Right Livelihood Award, conocido como el Premio Nobel alternativo. Este premio, fundado en 1980, constituye «un complemento crítico» al Premio Nobel. Y por ello también se entrega en Suecia, en diciembre, la víspera de la ceremonia del Premio Nobel. Se le atribuye una doble finalidad: recompensar y dar a conocer los trabajos de personalidades (científicas y otras) provenientes del Tercer Mundo. En 1997, año de la muerte del Dr. Lemma, se creó el premio de la Fundación Aklilu Lemma. Y el Instituto de Patobiología de la Universidad de Addis-Abeba pasó a llamarse Instituto Aklilu Lemma de Patobiología.

CHRISTOPHER CHETSANGA

(1935-)

Como presidente de la Unesco, Christopher Chetsanga pronunciaba un discurso de bienvenida con motivo de la visita del presidente de la República de Venezuela, Hugo Chávez. En su alocución, Chetsanga decía: «La educación, como bien sabemos, es el factor más poderoso de nivelación social; ofrece a todos la capacidad de realizarse». Tenía razón. Sin embrago, también podríamos afirmar que la educación favorece el diálogo entre culturas y predispone, más allá de las consideraciones de orden racial o étnico, al reconocimiento de la contribución de todos los pueblos al patrimonio de la humanidad.

Nacido en 1935 en Murehwa (Zimbabwe, estado del África austral), Christopher Chetsanga terminó sus estudios de secundaria en Tegwani en 1957. Se traslada entonces a Estados Unidos donde se convierte en estudiante de ciencias en la Universidad de California. En 1969, obtuvo de la Universidad de Toronto (Canadá) un máster y más tarde un doctorado en Bioquímica y Biología molecular. Regresó a Estados Unidos para seguir con sus estudios postdoctorales en la Universidad de Harvard. En 1972, dio clases en la Universidad de Michigan (Illinois). Tras una brillante carrera como profesor e investigador en el extranjero, Chetsanga regresa a Zimbabwe para asumir primero la función de profesor y pasar después a dirigir el Departamento de Bioquímica de la Facultad de Ciencias de la Universidad de Zimbabwe de la que se convertirá en decano.

Christopher Chetsanga publicó varios artículos científicos y dio numerosas conferencias. Le debemos el importante descubrimiento de dos enzimas: ADN-Formamidopirimidina glicosilasa y ADN-ciclasa. Estas dos enzimas contribuyen a la reparación de algunos daños que pueden afectar al ADN (el ácido desoxirribonucleico es una fuente de información genética por excelencia). Estas enzimas en concreto se descubrieron en 1979 y 1985 respectivamente.

Los trabajos de Christopher Chetsanga fueron recompensados con una medalla de oro que le entregó la Unesco en 1999. En el año 2000, la Universidad de Zimbabwe le honró con el título de doctor en Ciencias. Como en el caso de todos los demás científicos negros de alto rango, es la educación, en gran medida, la que ha hecho posible el notable recorrido vital de Christopher Chetsanga.

TILAHUN D. YILMA

(1943-)

Tilahun Daniel Yilma tuvo una brillante carrera de profesor y de científico. Nacido en Bulki (Gemugafa, Etiopía) el 15 de diciembre de 1943, Yilma obtuvo su doctorado en Medicina Veterinaria en 1970, en la Universidad de California (Davis). También es titular de un doctorado en Microbiología de la misma universidad. De 1980 a 1985 fue profesor asistente en la Universidad del Estado de Washington y actualmente lleva desde 1986 dando clases de virología en la Universidad de California. Desde 1991 también ocupa el puesto de director del Laboratorio Internacional de Biología Molecular de la Universidad de California (Davis). Numerosas organizaciones de renombre reclaman sus servicios de consultor científico. Entre ellas podemos citar la OMS (Organización Mundial de la Salud), la FAO (Organización de las Naciones Unidas para la Alimentación y la Agricultura) y el Instituto Federal Suizo de Tecnología.

El Dr. Tilahun D. Yilma ha publicado artículos en prestigiosas revistas científicas: *Nature, Science, New Scientists,* y *The Journal of Virology*. Instituciones tales como la Real Sociedad de Medicina (Londres), la Agriculture Canada (Alberta), el Instituto de Biología Animal (Universidad de Lausanne, Suiza) o el Centro de Biología del Estado de Río Grande del Sur (Porto Alegre, Brasil) lo han invitado alguna vez como conferenciante. Las publicaciones y los viajes profesionales del Dr. Yilma por todo el mundo le brindaron la oportunidad de difundir los resultados de sus investigaciones. Hasta ahora, en efecto, tiene en su haber dos contribuciones al progreso de la ciencia. Ha elaborado un procedimiento de diagnóstico de la infección viral conocida en inglés como *rinderpest.* Introducida en África en 1888 por las tropas italianas que invadieron Etiopía, esta enfermedad diezmó una enorme parte del ganado. Yilma creó una vacuna contra el virus, por la que obtuvo una beca en Estados Unidos. Esta vacuna protegió a los animales no solo en Etiopía, sino en toda África y en otros lugares, ya que esta infección vírica también se observaba en otros continentes. En colaboración con un equipo de especialistas, el Dr. Yilma se centra, desde hace un tiempo, en preparar una vacuna contra el sida, que constituye, como bien sabemos, una de las enfermedades más mortíferas del siglo XX. Gracias a todas las entrevistas que ha concedido, las investigaciones del Dr. Yilma han tenido una gran repercusión en la mayoría de los grandes medios de comunicación: la BBC, Voice of America, la CNN y el *Wall Street Journal.*

En el 2004, el Dr. Yilahun D. Yilma fue nombrado miembro de la Academia de Ciencias de Estados Unidos. En 1988 recibió el Beechman Award for Research Excellence. En 1990, le entregaron el Ciba-Geigy Award for Research in Animal Science. El libro *Who's Who in Science and Engineering* (Nueva Jersey, Estados Unidos, 2008-2009) le dedica una descripción favorable en una reseña biográfica.

DALE BROWN EMEAGWALI

(1954-)

Es más bien poco frecuente que algunas parejas estén unidas al mismo tiempo por los lazos del matrimonio y por su interés común en la ciencia. Marie y Pierre Curie e Irène y Frédéric Joliot son los ejemplos más famosos de ello. Dale Brown y Philip Emeagwali, casados en 1981, se convirtieron en dos eminentes científicos.

Nacida en 1954 en Baltimore (Maryland, Estados Unidos), Dale Brown Emeagwali terminó sus estudios de secundaria en 1972 en el instituto Northwestern High School. Diplomada por el Coppin State College en 1976, fue admitida en la Universidad de Georgetown (Washington, D.C.) donde obtuvo en 1981 su doctorado en Microbiología. Tras haber trabajado como investigadora en numerosas instituciones como la National Intitutes of Health, la Universidad de Wyoming, la National Science Foundation, la Universidad de Michigan y la American Cancer Society, Dale Brown Emeagwali se instaló en su ciudad natal. En 1996, se convirtió en miembro de la Facultad de Biología en la Ball State University.

El cáncer constituía el objeto de sus investigaciones. Así es como descubrió en la bacteria *Streptomyces*, una sustancia llamada cinurenina que es un metabolito. Este descubrimiento ayudó a los especialistas a comprender mejor las causas del cáncer, en especial de las leucemias, por ejemplo. Parte de su trabajo también tuvo una influencia en los enfoques terapéuticos.

En paralelo a su trabajo, Dale Brown Emeagwali se mostró siempre muy sensible a la situación de los jóvenes afroamericanos a los que animó a cursar estudios científicos Y como prueba de ello, ella y su marido instauraron el African American Science Day. Esta actividad, que organiza cada año el Museo de Ciencias de Minnesota, pretende ofrecer modelos de carrera a los jóvenes afroamericanos.

Dale Brown Emeagwali, miembro de la National Science Foundation y de la American Cancer Society entre otras, obtuvo en 1996 el título de científico del año por la National Technical Association.

BOTÁNICA

EDMOND ALBIUS
(1829-1880)

Edmond Albius[1] pertenece al linaje de los Negros que, aún habiendo nacido como esclavos, lograron abrirse camino en un ámbito o en otro. Nos vienen especialmente a la mente los casos de Lewis H. Latimer en electricidad y en George W. Carver en química. Albius, cuya madre murió al traerlo al mundo, nació en 1829 en Sainte-Suzanne, ciudad de la isla de La Reunión, departamento francés de ultramar situado en el Océano Índico. La Reunión vivió durante unos dos siglos bajo un régimen esclavista que traía a hombres y mujeres negros de Madagascar y de África del este.

Albius, que fue entregado a un rico colono francés llamado Féréol Beaumont, realizaba tareas domésticas y su amo lo trataba con benevolencia. En efecto, Beaumont le enseñó algunos rudimentos de botánica. Cabe destacar que la producción de azúcar, de especias, de café y de vainilla constituían la base de la economía de la isla. La vainilla, planta ornamental, estaba muy codiciada. Pero en aquella época, los científicos no habían logrado realizar la fecundación artificial de su flor, a pesar de las muchas investigaciones dedicadas a ello. En 1841, a la edad de doce años, Edmond Albius logró, con gran asomo para su amo, realizar la polinización de la vainilla. A partir de entonces, la planta de vainilla podría producir varias vainas. El

1 Para redactar este capítulo, nos hemos apoyado en gran medida en una película documental de Jim Damour, producida con la participación de los siguientes organismos: la Biblioteca Departamental, el Consejo General y el Consejo Regional, los Archivos Departamentales de La Reunión, la Asociación para la Salvaguardia del Patrimonio, el Comité del 150 aniversario de la abolición de la esclavitud y RFO (Radio France de Ultramar, 1998).

proceso de fecundación descubierto por Edmond Albius le valió un cierto renombre ya que otros colonos lo reclamaron para que les explicara su técnica. Aquello desembocó en la capacidad de producir vainilla en masa y, por consiguiente, en un mayor enriquecimiento de los plantadores. Beaumont no tuvo ninguna reticencia en adjudicar a Edmund Albius la autoría de su descubrimiento, pero no por ello lo liberó. ¿Por qué? Es todo un misterio. Tras la proclamación de la abolición de la esclavitud en la isla, el 20 de diciembre de 1848, Albius abandonó la propiedad de Beaumont para irse a vivir a Saint-Denis, la capital. En 1852 lo detuvieron por intento de robo con efracción y lo condenaron a cinco años de reclusión. Féréol Beaumont se quejó en la prensa y reclamó su liberación. Finalmente, en 1855, concedieron a Edmond Albius una remisión de condena. Este volvió a casa de su antiguo amo y le juró fidelidad. Féréol Beaumont acudirá al Gobernador de la isla para intervenir a favor de su protegido y lograr así la concesión de algún subsidio como recompensa de su descubrimiento. Desgraciadamente, no obtuvo ningún éxito.

Albius murió en la miseria y en la soledad el 9 de agosto de 1880 en el hospicio de Sainte-Suzanne. Varias calles de esta ciudad llevan su nombre. En 1981, edificaron su busto en la ciudad en homenaje a este antiguo esclavo que fue el único entre sus iguales en conseguir cierta notoriedad. Antoine Roussin, un Blanco, realizó y publicó el retrato de Edmond Albius en el album de La Reunión.

QUÍMICA

George W. Carver

George W. Carver en su laboratorio

GEORGE WASHINGTON CARVER
(1864-1943)

Nunca antes el destino de un hombre había sido tan extraordinario como el de George W. Carver. Partiendo de lo más bajo de la escala social americana, consiguió, gracias a su trabajo y a su inquebrantable determinación, labrarse un lugar en el ámbito de la ciencia.

Nacido en la esclavitud en Diamond Grove (Missouri) en 1864[1], en la propiedad de Moses y Susan Carver —la abolición de la esclavitud en Estados Unidos no fue aceptada unánimemente hasta 1865— George Washington Carver llevaba el nombre de sus amos. Una pandilla de ladrones Blancos de esclavos lo raptaron junto a su madre y los vendieron en Arkansas. Sus propietarios lo recuperaron a cambio de un caballo de raza. En cuanto a su madre, no encontraron ni rastro de ella. Una vez abolida la esclavitud, George W. Carver siguió viviendo en casa de los Carver. Animado por una ferviente fe cristiana, aprendió a leer y a escribir y, más tarde, frecuentó en Neosho (Missouri) una escuela destinada a los Negros. Estudió Secundaria en el colegio de Minneapolis (Kansas). Su notable rendimiento escolar le permitió ser admitido inmediatamente en una universidad de Highland (Kansas). Le concedieron una beca de estudios, pero al presentarse en persona en aquel centro, lo rechazaron sencillamente por su color de piel. En 1887, George W. Carver ingresó en el

1 La fecha de nacimiento de Carver es incierta. Sin embargo, 1864 es el año que figura en la mayoría de sus biografías así como en el *Dictionnaire des Inventeurs et Inventions*, Paris, Ed. Larousse, 1996, p.213.

Simpson College (Iowa) y en 1891, en la Universidad del Estado de Iowa. Manifestó un gran interés por la agricultura y la botánica. En 1894, se graduó en Ciencias con la obtención del *Bachelor's degree* en Ciencias en el College of Agriculture del estado de Iowa. Sus estudios nunca fueron un impedimento para su dedicación a la pintura y a la música. Carver obtuvo en 1896 su Máster en Ciencias Agrónomas de la Universidad del Estado de Iowa. En el ámbito profesional, repartía su tiempo entre la enseñanza y la investigación. A petición de Booker T. Washington, Carver aceptó el puesto de director de investigación en el Tuskegee Normal and Industrial Institute (Alabama). Thomas Edison le invitó a unirse a su personal de Orange Grove (Nueva Jersey) ofreciéndole un salario anual muy tentador. Una propuesta que le hizo Henry Ford, pionero en el sector del automóvil, también iba en ese mismo sentido. Carver declinó cortesmente esas dos ofertas, convencido de que su trabajo en su laboratorio de Tuskegee le permitiría ser de mayor utilidad para la comunidad negra y la sociedad americana en su conjunto.

La contribución de George W. Carver a la ciencia es digna de consideración. Centró sus primeras investigaciones sobre los hongos que atacaban y destruían otras plantas como el trigo, el cerezo o el lúpulo. Las enfermedades de las plantas también fueron objeto de sus estudios. En 1896, Carver descubrió una nueva especie de hongo que vive sobre el arce rojo y el arce plateado. Este hongo se llama *Taphrina Carveri*[2]. Dos años después, Carver identifica dos otras especies de hongos que reciben el nombre de *Collectrichum Carveri y Metasphaeria Carveri*[3].

Carver es famoso por los trabajos que llevó a cabo sobre el cacahuete, del cual extrajo más de 250 productos entre los que se encuentran, por ejemplo, el champú, el vinagre,

---

2 A. E. Jenkins, *Journal of Washington Academy of Science*, vol. 29, May 15, 1939, p.282.

3 3Ibid, p.282.

N.B. Estas dos referencias están sacadas del libro de Louis Harber *Black Pioneers of Science and Invention*, New York, Ed. Harcourt Brace Jovanovich Inc., 1970, p.109.

el jabón, los polvos de aseo, etc. De la patata extrajo 118 productos como la harina, la tinta, la tapioca, el almidón, el caucho sintético... Carver fabricó numerosas tinturas y pinturas con arcilla. Al alcanzarse la superproducción de algodón en Estados Unidos, inventó un proceso de utilización de esa materia para fabricar láminas de aislamiento, de papel, de cordaje y bloques de pavimento para la construcción de autopistas. A partir de la soja, Carver creó un material plástico que Henry Ford utilizó en algunas piezas de automóvil.

Podemos constatar que los trabajos de George W. Carver no solo fueron variados y tocaron muy diversos ámbitos de la vida cotidiana, sino que también tuvieron un efecto beneficioso directo en la economía americana. Sabemos que la mayoría de las tierras de los estados del sur de Estados Unidos, empobrecidas por el cultivo del algodón y del tabaco, dos productos ligados a la esclavitud, se regeneraron gracias al empleo de abonos creados a partir de las investigaciones de Carver.

Este obtuvo un reconocimiento tanto nacional como internacional, y así lo demuestra su nombramiento como miembro en la Real Sociedad de Artes, Industria y Comercio de Gran Bretaña en 1916, un honor reservado a muy pocos americanos. En 1928, recibió del Simpson College un doctorado *honoris causa* en Ciencias. La Universidad de Rochester le otorgó en 1941 un diploma parecido. En 1948 se emitió un sello con la imagen de George W. Carver. La NAACP (National Association for the Advancement of Colored People) le rindió un grandísimo homenaje al concederle la medalla Spingarn en 1923. Algunos aseguran que Carver siempre se opuso a la idea de patentar sus trabajos. Sin embargo, la Oficina Americana de Patentes le expidió tres patentes: una para la preparación de cosméticos a partir del cacahuete[4], otra para la fabricación de pinturas y de tinturas a partir de la

4 Número de patente*: 1, 522, 176, 6 de enero de 1925.

arcilla[5] y una tercera para un método mejorado de fabricación de estos dos productos[6].

En 1940, lo proclamaron «hombre del año»; la Federación Internacional de Arquitectos, de Ingenieros y de Técnicos le entregó una placa por su aportación a la ciencia y su inestimable labor al servicio de la humanidad. Carver falleció en 1943.

Sello impreso con la imagen de George W. Carver

Se erigió un monumento en su memoria en Tuskegee, cerca del Museo Carver. Al morir sin herederos, el dinero recuperado iría destinado a la creación de la Fundación George Washington Carver y a impulsar la investigación científica. El 6 de enero de 1943, el presidente Franklin D. Roosevelt envió un telegrama al Instituto Tuskegee: «El mundo de la ciencia ha perdido con la desaparición del Dr. George Washington Carver a una de sus más eminentes figuras de raza negra, un miembro excepcional. La diversidad de su genio y de sus realizaciones en los múltiples ámbitos de las artes y de las ciencias estaban fuera de lo común. Toda la humanidad se ha beneficiado de sus descubrimientos en el ámbito de la química agrícola. Sus

5 Número de patente*: 1, 541, 478, 9 de junio de 1925.

6 Número de patente : 1, 632, 365, 14 de junio de 1927.

* Citado por Louis Harber en *Black Pioneers of Science and Invention*, New York, Ed. Harcourt Brace Jovanovich Inc., 1970, p.119.

logros frente a los obstáculos que encontró en sus inicios constituyen un modelo para los jóvenes de todo el mundo. Tuve el gran privilegio, prosigue el presidente Roosevelt, de conocer al Dr. Carver y de hablar con él en Tuskegee en mi privilegiada visita al Instituto, lugar de sus largos y notables trabajos de investigación[7]».

George W. Carver y el presidente F.D. Roosevelt

7 Ibid, p.104

LLOYD A. HALL

(1894-1971)

Lloyd Augustus Hall puede ser considerado como uno de los científicos negros americanos que podríamos calificar, sin miedo a equivocarnos, de pionero por una doble razón. Por una parte, el campo de sus investigaciones era relativamente nuevo (se trataba de la química alimentaria o más concretamente de la conservación de los alimentos) y, por otra parte, solo unos pocos investigadores se habían dedicado a ello.

Nacido el 20 de junio de 1894 en Elgin (Illinois), Hall estudió en el East Side High School. Mostró un interés por la ciencia desde una edad muy temprana. Al final de sus estudios de secundaria, consiguió cuatro becas universitarias. Finalmente, optó por la Northwestern. En 1916 se graduó con un *Bachelor's degree* en Ciencias. Continuó con sus estudios superiores en química en la Universidad de Chicago[1]. A lo largo de su carrera, Lloyd A. Hall ocupó cargos de prestigio. Siendo químico jefe del Boyer Chemical Laboratory en Chicago, en 1925 se convirtió en director de investigaciones en los Griffith Laboratories. Durante la Segunda Guerra Mundial, trabajó, de 1943 a 1948, como miembro del Committee on Food Research of the Scientific Advisory Board (Quartermaster Corps, War Department). Colaboró como consultor con la George W. Carver Foundation (1946-1948) y la Food and

1 Cabe destacar que la ciudad de Chicago fue fundada en el siglo XVIII por Jean-Baptiste Pointe Du Sable, un pionero originario de Haití. Su busto se encuentra en el Museo de Historia Afroamericana abierto en Chicago desde 1961. Un instituto de enseñanza pública lleva su nombre. Se inauguró un monumento en su memoria el 17 de octubre de 2009 en el Avenue Plaza de Michigan.

Agricultural Organization of the United Nations (FAO) cuya sede se encuentra actualmente en Roma y al servicio de la cual Lloyd A. Hall pasó seis meses en Indonesia. Hall también fue miembro del Institute of Food Technologists y participó activamente en la publicación de la revista *The Vitalizer*. Destacó principalmente por sus trabajos sobre la preservación de los alimentos. En efecto, los procesos de conservación de los alimentos distaban mucho de ser perfectos. Desde tiempos inmemoriales, se utilizaba el cloruro de sodio (la sal de mesa) como agente de conservación de la carne, por ejemplo. Hall se dio cuenta de que la conservación de la carne mediante una mezcla de cloruro de sodio, de nitrato y de nitrito de sodio dejaba mucho que desear: el cloruro de sodio penetra demasiado despacio en la carne a la inversa del nitrato y del nitrito, que lo hacen demasiado rápido. Por consiguiente, el proceso de deterioro supera al de conservación. Hall logró resolver ese problema al incorporar el nitrato y el nitrito en los cristales de cloruro de sodio mediante una técnica llamada «secado rápido» (*Flash drying*). Este nuevo procedimiento, que permite la conservación de los alimentos sin alterar ni su apariencia ni su sabor, ha sido aplicado en toda la industria alimentaria. Sin embargo, se planteaba otro problema: el del almacenamiento de los productos. En los contenedores empleados hasta entonces, la mezcla salina empleada por Hall absorbía la humedad del aire y formaba una costra sólida. Para remediarlo, recurrió a una combinación de dos agentes químicos: la glicerina y el tartrato.

Otro campo de investigación por el que mostró un gran interés se centra en la esterilización[2] de los alimentos y de las sustancias asociadas a ello. Contrariamente a lo que solía pensarse, Hall alegó que las especias, en lugar de preservar los alimentos, generaban millones de gérmenes, de bacterias. Hall sometió entonces los productos

2 Número de patente*: 2, 107, 697, 8 de febrero de 1938.
*Citado en *The Negro Almanac A Reference Work on the African American*, Fifth Edition, Detroit, London (U.S.A.), Ed. Gale Research Inc. 1989, p. 1109.

alimentarios al vacío, lo cual elimina la humedad, limpia la superficie y el interior de los alimentos que, bajo la acción del etileno, se esterilizan. La introducción de las especias esterilizadas en la industria alimentaria provocó una verdadera revolución en ese ámbito. Este método también llegó a aplicarse en cosmetología y en medicina, para los medicamentos y los accesorios. Su uso se extendió a todos los Estados Unidos. Lloyd A. Hall publicó numerosos artículos científicos y obtuvo más de un centenar de patentes por sus diferentes trabajos.

La consagración de Hall no se limita a esos hechos. Fue miembro del American Food for Peace Council de 1962 a 1964 y también miembro honorífico de numerosas instituciones del conocimiento: la American Association for the Advancement of Science, la American Public Health Association y la New York Academy of Sciences. Lloyd A. Hall recibió numerosos premios: el Honor Scroll of the Chicago (1956), el Phi Tau Sigma, el Honor award del Committee of 100 de Chicago (1957) y el Certificate of Appreciation del Watermaster Corps por sus servicios prestados durante la Segunda Guerra Mundial. Además de todas estas muestras de reconocimiento, numerosas obras colectivas mencionan el nombre de Lloyd A. Hall: *American Men of Science, Who's Who in Chemistry, Who's Who in Colored America, Who's Who in America.*

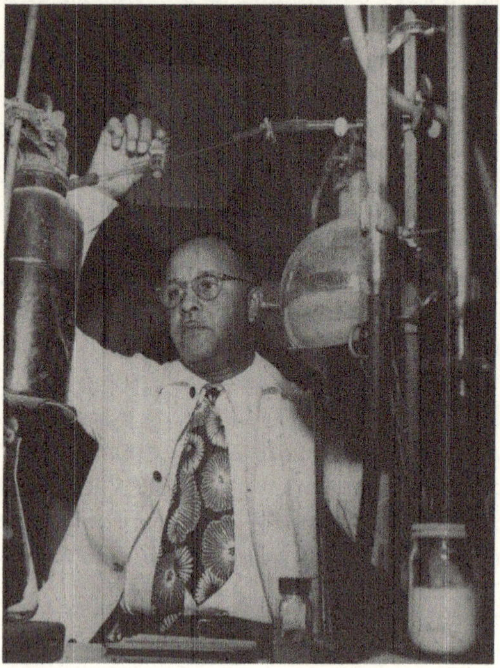

Percy L. Julian en su laboratorio

PERCY L. JULIAN

(1898-1975)

Se cree que nació el 11 de abril de 1898 en Montgomery (Alabama), Percy Lavon Julian proviene de una familia negra excepcional para aquella época. Sus dos hermanos menores se graduaron en medicina en la Universidad de DePaw en el estado de Indiana. Sus tres hermanas se titularon en la misma universidad y continuaron hasta terminar sus estudios de postgrado. Según un artículo de la revista *Coronet* (enero de 1948), Julian trepó por la valla de un colegio de secundaria reservado a los Blancos para poder observar a alumnos en un laboratorio. Entonces exclamó: «Un día seré químico[1]». Esta frase que refleja la determinación y la fuerza de carácter del joven Julian evoca las famosas palabras que Victor Hugo pronunció cuando tenía catorce años: «Quiero ser Chateaubriand o nada». Contra los deseos de su padre que hubiese querido ver a Percy L. Julian iniciar más bien una carrera en medicina, este último optará por la química, una disciplina prohibida o poco accesible para los Negros. Lo admitirán en la DePaw University y obtendrá en 1920 un *Bachelor's degree* en Química. Durante un tiempo dio clases en la Fisk University. Tras conseguir una beca, abandonó esa universidad en 1922 con el objetivo de emprender una serie de investigaciones en Harvard donde cursó sus estudios de postgrado hasta graduarse en 1923. Trabajó allí hasta 1926. No obstante, nunca le ofrecieron un puesto de profesor con el pretexto de no disgustar a los

1 Citado por Stu Borman en Chemical & Engineering News, C & En, Washington, February 1, 1993, p.9.

estudiantes de raza blanca. En 1928, se convirtió en jefe del Departamento de Química de la Howard University donde la mayoría de estudiantes eran negros. Gracias a una beca de la Rockefeller Foundation, Julian obtuvo su doctorado en Química en la Universidad de Viena (Austria) en 1931. Queremos señalar que en esa universidad llevó a cabo una serie de investigaciones bajo la dirección del profesor Ernst Späth. Poco después del fallecimiento de este, para rendirle homenaje, Percy Julian hizo colocar el busto de su antiguo profesor en la facultad de Química de la Universidad de Viena.

En 1932, Julian regresó a DePaw como investigador y director de investigaciones. Muchos de los trabajos que dirigió dieron lugar a publicaciones. Sus éxitos profesionales no impidieron que tuviera que hacer frente a ciertas dificultades en su vida personal. Tras casarse en 1935 con Anna Johnson, titulada en Sociología por la Universidad de Pensilvania, Julian compró una casa en Oak Park (Illinois). Unos individuos que deseaban verlo huir de esa zona incendiaron su casa. Afortunadamente no hubo víctimas que lamentar en aquel incidente. El *Chicago Sun-Times* condenó esa acción y no dudó en evocar las principales contribuciones del Dr. Percy L. Julian a la ciencia y, por consiguiente, a la humanidad. Conviene destacar que unos vecinos de Julian le enviaron una carta de solidaridad en la que le daban la bienvenida.

Percy Julian siempre mostró una gran sensibilidad hacia los problemas sociales de su entorno y de su época. Así pues, participó en el movimiento por los derechos cívicos y apoyó numerosos organismos que luchaban por conseguirlos: el NAACP, la Legal Defense and Educational Fund, la Martin Luther King Jr's Southern Christian Leadership Conference y el Student Nonviolent Coordinating Committee. Sin embargo, Julian debe su notoriedad no solo a su compromiso con las causas sociales, sino sobre todo a sus trabajos científicos. Se le considera el primer químico negro en haber dirigido un laboratorio industrial importante: la Glidden Company de Chicago. Inventó una espuma ignífuga capaz de combatir el fuego. Este producto se utilizó durante la Segunda Guerra Mundial y permitió salvar las vidas de numerosos soldados americanos. Julian sintetizó la fisostigmina empleada en el tratamiento del glaucoma. Según el científico emérito Arnold Brossi de los National Institutes of Health, «la primera síntesis total de la fisostigmina natural lograda por Julian y Pikl constituía un avance considerable en la química de los productos naturales[2]». Percy Julian realizó la síntesis de la progesterona y de la cortisona[3]. En la Compañía Glidden, el nombre de Percy L. Julian se asocia a la fabricación de numerosos productos importantes tales como el aceite de soja y la lecitina. En 1953, Julian abandonó la Compañía Glidden y fundó sus propios laboratorios que vendió más tarde a Smith y a Kline and French.

A pesar de algunos disgustos, la carrera de Julian fue de lo más exitosa. Tras haber recibido algunos desaires, Julian consiguió enseñar en las Universidades de Fisk y de Virginia.

El valor de este científico, el alcance de sus trabajos, son ahora de sobra reconocidos. En 1947, la NAACP (National Association for the Advancement of Colored People) entregó una medalla a Julian. En 1973, fue nombrado miembro de la Academia Nacional de Ciencias de Estados Unidos. La facultad de ciencias de numerosas universidades americanas lleva su nombre: DePaw, MacMurray College, Jacksonville, Illinois State University, Coppin State College y Baltimore. Su retrato cuelga de las paredes de las clínicas de los National Institutes of Health en Bethesda. En enero de 1993, se

2 Op. Cit., p.10.

3 Número de patente*: 2, 752, 339, 10 de agosto de 1954.
*Citado en *The Negro Almanac A Reference Work on the African American*, Fifth Edition, Detroit, London (U.S.A.), Ed. Gale Research Inc., 1989, p.1110

puso en circulación un sello postal[4] con su imagen impresa. Julian falleció el 19 de abril de 1975. La mayoría de los honores que le concedieron fueron a título póstumo. No obstante, Percy L. Julian sigue siendo una de las figuras más emblemáticas del mundo científico estadounidense.

4 Entre los Negros americanos que han tenido ese honor se encuentran Jackie Robinson, W.E.B. Dubois, George W. Carver y Martin Luther King.

LLOYD ALBERT QUATERMAN
(1918-1982)

Donar su cuerpo a la ciencia puede percibirse como un acto de generosidad. Pero cuando este acto proviene de un científico, parece adoptar un valor altamente simbólico ya que confirma al mismo tiempo una vocación. La vida del químico Lloyd A. Quaterman, que legó su cuerpo a la ciencia, nos ha inspirado esta reflexión.

Nacido en 1918 en Filadelfia, estudia en el Saint Augustine's College, en Carolina del Norte. Se gradúa en 1943. Muchos años después, regresa a los estudios y completa su formación de postgrado con la obtención de un Máster en Ciencias en la Northwestern University en 1952. Al obtener su primer título, fue contratado por el Ministerio de Defensa Nacional de Estados Unidos (U.S. War Department) y colaboró en la realización del proyecto llamado en secreto *Manhattan Project*. Este era el nombre en clave de la bomba atómica. Aquel proyecto, concebido durante la Segunda Guerra Mundial, consistía principalmente en fabricar la primera bomba atómica del mundo. Numerosos centros de investigación repartidos por todos los Estados Unidos movilizaron sus recursos para lograr ese objetivo. Entre ellos se encontraba la Universidad de Chicago y el laboratorio de la Universidad de Columbia en Nueva York. Lloyd Albert Quaterman formaba parte del grupo perteneciente a esta última institución. Sin embargo, cuando en Chicago transformaron un estadio en desuso en un amplio laboratorio, Quaterman estudió mecánica cuántica, bajo la dirección del famoso físico de origen italiano Enrico Fermi y trabajó en el «programa del plutonio». Cuando el Manhattan Project llegaba a su fin en 1946, se creó en Chicago otra institución llamada Argonne National Laboratories. Allí es donde se construyó el primer reactor nuclear en la creación del cual Quaterman contribuyó. También participó en la preparación de los compuestos del xenón. Gracias a sus investigaciones, se logró obtener tetrafluoruro de xenón, difluoruro de xenón y hexafluoruro de xenón. Antes de los trabajos de Quaterman, el xenón, un gas raro, no podía entrar en reacción con otras moléculas. Más allá de la química, Quaterman también manifestó un interés por el estudio de las interacciones entre las radiaciones y la materia. Desarrolló una célula con paredes de diamante (*diamond window*) en la que introdujo ácido fluorhídrico, el disolvente más potente que se conozca. Gracias a la dureza del diamante, Quaterman pudo estudiar con éxito en 1967 la estructura de ciertas moléculas al sumergir algunos compuestos químicos en una solución de ácido fluorhídrico.

Quaterman apenas acababa de empezar a investigar sobre «la sangre sintética» cuando la muerte se lo llevó en 1982, en Chicago. Como hemos visto, los temas que apasionaban a Lloyd A. Quaterman eran muy variados y sus aportaciones a la ciencia no menos apreciables. El Saint Augustine's College le concedió un doctorado honorífico en Química en 1971 para honrarlo. El Ministerio Americano de Defensa Nacional le entregó un certificado de mérito con la significativa fecha del 6 de agosto de 1945, por «su participación en el trabajo esencial de la realización de la bomba atómica[1]» que garantizó la victoria militar de Estados Unidos sobre Japón.

1 Esta cita está extraída del susodicho certificado que Ivan Van Sertima reproduce in extenso en *Blacks in Science Ancient and Modern*, New Brunswick (U.S.A.) and London (U.K.), Ed. Ivan Van Sertima, 1985, p.270.

RALPH GARDNER

(1922-)

Nacido en 1922 en Cleveland (Ohio), Ralph Gardner estudió en la Universidad de Illinois y se graduó en Química en 1943. Utilizando un catalizador, elaboró un método de interpretación de las reacciones químicas. Este impulsó una serie de desarrollos en el ámbito de la química, de la petroquímica, de la farmacia, de los polímeros y de la industria del plástico. Gardner fue el impulsor de la fabricación de plásticos duros. Abrió la vía al desarrollo de soluciones prácticas a los problemas de la contaminación y del tratamiento de residuos. Pasó numerosos años al servicio de los Argonne National Laboratories de la Universidad de Chicago. No hay que olvidar que estos laboratorios fueron pioneros en el mundo en lo referido a la creación y a la construcción de reactores nucleares. Al igual que Lloyd A. Quaterman, Ralph Gardner participó, bajo la dirección del Dr. Enrico Fermi (Premio Nobel de Física en 1938) y del Dr. Nathan Sugarman, en las investigaciones relacionadas con el *Manhattan Project*. Según Brodie[1], seis otros investigadores negros formaban parte de ese equipo. Se trata de Eward A. Russel, Moddie Taylor, Harold Delaney, Benjamin Scott, J. Ernest Wilkins y Jaspar Jeffries.

---

1 James Michael Brodie, *The Lives and Ideas of Created Equal Black American Inventors*, New York, Ed. William Morrow and Company, 1993, p.165.

Bertram O. Fraser-Ried

BERTRAM OLIVER FRASER-REID

(1934-)

La revista *Chemistry in Canada* describe a Bertram Oliver Fraser-Reid como a «uno de los químicos más innovadores de Canadá[1]». Antes de justificar este cumplido, esbocemos primero el perfil de este investigador.

Nacido el 23 de febrero de 1934 en Coleyville (Jamaica), tras terminar sus primeros estudios en su país de origen, Fraser-Reid ingresó en la Universidad Queen (Kingston, Ontario) donde se graduó en Ciencias con la obtención del *Bachelor's degree* en 1959 y del máster en Ciencias en 1961. Se casó en 1963 con Lillian Lawryniuk. Fraser-Reid consiguió su doctorado en Química en la Universidad de Alberta en 1964. Pasó dos años (1964-1966) en Inglaterra donde, bajo la dirección del Premio Nobel de Química de 1969 Derek H. Barton, siguió con sus investigaciones en el Imperial College de la Universidad de Londres. De 1966 a 1980, trabajó para la Universidad de Waterloo. De 1980 a 1982, ocupa el puesto de profesor de Química en la Universidad de Maryland y, a partir de 1982, enseña esa misma asignatura en la Universidad Duke de Estados Unidos. La enseñanza se amoldaba muy bien a su carrera de investigador. Actualmente posee su propio laboratorio (el Natural Products and Glycotechnology Institute) afiliado a la Universidad del estado de Carolina del Norte y dirige trabajos de postdoctorado de científicos provenientes de diferentes países. Participó en diferentes coloquios en

1 *Chemistry in Canada*, vol. 29, no 6, June 1977, p.32.

Europa (Alemania, Francia, Suecia y Suiza), en Australia, en Canadá y en Japón. En la Duke University (Carolina del Norte), logró sintetizar, con la ayuda de un grupo de investigadores trabajando bajo su dirección, el oligosacárido que es, según dice, «uno de los más importantes reguladores biológicos que existen en la naturaleza[2]» El oligosacárido es un azúcar que se compone de dos o más unidades de monosacáridos unidos mediante enlaces glucosídicos. Fraser-Reid creó otro proceso de síntesis llamado *n-pentenyl glycoside strategy*[3]. Esta aportación resulta ser de lo más útil ya que el oligosacárido constituye uno de los elementos de la estructura de la célula humana y juega un papel considerable en la interacción de las células.

Fraser-Reid destacó tanto en Canadá como en Estados Unidos. Asimismo, se adhirió a diferentes organizaciones científicas presentes en esos dos países: el Chemical Institute of Canada, la American Chemical Society, el American Institute of Chemistry y la British Chemical Society. Bertram Oliver Fraser-Reid recibió toda una serie de distinciones en recompensa por su obra. En 1977, en Canadá, le entregaron el Premio Merck, Sharpe and Dohme. En 1989 fue nombrado científico emérito por la Alexander Von Humboldt Foundation. En 1990, le concedieron los premios de la Jamaican National Foundation y de la American Chemical Society Claude S. Hudson. En 1991, la organización nacional de químicos negros y de ingenieros químicos le hizo entrega del Premio Percy Julian. A lo largo de los años 1991, 1993 y 1995 Fraser-Reid recibió respectivamente las siguientes condecoraciones: la R.E. Jeffrey Memorial Medal of the New South Wales Chemical Division Society (Sydney, Australia), la President Medal of Charles R. Drew University of Medicine and Science (Los Angeles, California) y las Haworth Memorial Medal and Lectureship of the Royal Society of Chemistry (Reino Unido).

---

2 Citado por M. C. Nagel en *Notable Twentieth-Century Scientists*, Vo. 2, New York, Ed. Gale Research Inc., 1995, p.692.

3 Número de patente: 5.476.924, 19 de diciembre de 1995.

ELECTRICIDAD

Lewis Howard Latimer

LEWIS HOWARD LATIMER

(1848-1928)

Todos los científicos que hemos presentado hasta ahora tienen mucho mérito sobre todo si tenemos en cuenta las dificultades de todo tipo a las que tuvieron que enfrentarse a lo largo de su carrera o al hecho de que provenían muchas veces de una clase social baja.

Nacido en Chelsea (Massachusetts) en 1848, Latimer pertenece a una familia de esclavos que huyó de Virginia para instalarse en Boston en 1830. Al cabo de unos años, un esclavista llamado James B. Gray llega a esta ciudad y reclama a George Latimer, padre de Lewis H. Latimer, como propiedad suya. Rápidamente, los abolicionistas William Lloyd Garrison (un Blanco) y Frederick Douglass acudieron en defensa de la familia Latimer y consiguieron comprar la libertad de George Latimer por cuatrocientos dólares. Cabe destacar que Frederick Douglass era un escritor y un militante negro que había alcanzado tal nivel de prestigio que el presidente Abraham Lincoln pidió conocerlo durante la Guerra de Secesión (1861-1865). Fue nombrado embajador de Estados Unidos en Haití y encargado de negocios en República Dominicana.

Poco después del incidente de los Latimer, el estado de Massachusetts dictó una ley sobre la libertad individual que prohibía la participación de agentes de policía estatales en la persecución de esclavos fugitivos. Desde muy joven, Lewis H. Latimer tuvo que empezar a ganarse la vida y a sustentar económicamente a su familia. Solo tenía diez años cuando su padre abandonó a su madre con cuatro niños pequeños. Fuera de las horas de clase, Lewis H. Latimer vendía el periódico que escribía William Lloyd Garrison y que llevaba un nombre de lo más elocuente: *The Liberator*, que aspiraba a la abolición de la esclavitud. A la edad de dieciséis años, se alistó en la marina americana mientras que sus hermanos se enrolaron en las fuerzas armadas de tierra de la Unión. En 1865, abandonó dignamente el ejército y regresó a Boston a buscar trabajo.

El talento de Lewis H. Latimer residía en su polivalencia: probó con la poesía y practicó el dibujo y la pintura. Latimer aprendió a dibujar en Crosby & Gould, una empresa de asesoramiento en materia de obtención de patentes. Latimer presentó su candidatura y esta fue aceptada. Teniendo en cuenta que las solicitudes de patentes debían ir acompañadas de una descripción del invento presentado, Crosby & Gould empleaba a un cierto número de dibujantes. Tras consultar numerosos libros y aprender de otros dibujantes, Latimer fue autorizado por su patrono a presentar algunos dibujos. Sus trabajos eran tan notables que lo contrataron de inmediato.

Pasó once años trabajando para Crosby & Gould. Alexander Graham Bell, el inventor del teléfono, también se benefició de los servicios de Latimer que realizó el dibujo de su invento y ayudó a Bell a preparar las descripciones requeridas para la adquisición de la patente del teléfono, expedida en 1876. Latimer no solo resultó ser un magnífico dibujante, sino que también creó unos inventos que contribuyeron al progreso, principalmente en el ámbito de la electricidad. Sus trabajos para la compañía Thomas Edison eran bastante excepcionales. Por ejemplo, Latimer mejoró notablemente la lámpara incandescente creada por Thomas Edison en 1879, lo que abrió una nueva era de la electricidad en Estados Unidos y, más tarde, en todo el mundo. La innovación de Latimer consistía en la fabricación y en el montaje de los filamentos de carbono que caracterizaban essa lámpara.

En septiembre de 1881, Lewis H. Latimer y Joseph U. Nichols obtuvieron una patente para su lámpara eléctrica[1]. En enero de 1882, concedieron a Latimer una patente

1 Número de patente*: 247, 097, 13 de septiembre de 1881.

en relación con el proceso de fabricación de filamentos de carbono[2]. Los filamentos utilizados en la lámpara de Edison estaban compuestos por elementos diversos y funcionales, pero de una calidad más o menos buena. Sin embargo, el método de Latimer permitió la producción de filamentos de carbono de calidad superior y de una durabilidad mucho mayor. Una de las invenciones de Latimer atribuida a la Compañía Edison es la de un soporte de ampolla para lámpara de arco eléctrico[3], patentado en 1882. En la época de Latimer, las lámparas de arco eléctrico se montaban en serie. Cuando una lámpara se apagaba, todas las demás también lo hacían. Latimer, por su parte, colocó las lámparas en paralelo de tal forma que, si una se averiaba, esto no afectaría en nada al funcionamiento de las demás. Le encargaron supervisar la instalación eléctrica en Filadelfia e incluso en Montreal donde tuvo que aprender algo de francés. En otoño de 1881, Latimer se fue a Londres para poner en marcha un departamento de bombillas incandescentes para la Maxim-Weston Electric Light Company. Allí supervisó la producción de filamentos de carbono. Tras haber trabajado para la Olmstead Electric Lighting Company de Brooklyn y para la ACME Electric Light Company de la ciudad de Nueva York, Latimer se convirtió, a petición de Thomas Edison, en su asociado en el Departamento de Ingeniería de la Edison Electric Light Company de la ciudad de Nueva York. Esta se conoce hoy en día con el nombre de General Electric Company. En 1890, Latimer publicó el primer manual sobre el sistema de iluminación eléctrica de Estados Unidos: *Incandescent Electric Lightning. A Practical Description of the Edison System* (New York, D. Van Nostrand Company, 1890). Latimer no limita sus actividades al ámbito de la electricidad. En efecto, hizo patentar un aparato de enfriamiento y de desinfección[4].

2 Número de patente*: 252, 386, 17 de junio de 1882.

3 Número de patente*: 255, 212, 21 de marzo de 1882.

4 Número de patente*: 334, 078, 12 de enero de 1886.
*Citado en The Negro Almanac A Reference Work on the African American, Fifth Edition, Detroit, London (U.S.A.), Ed. Gale Research Inc., 1989, p. 1110.

En 1928, murió a consecuencia de una larga enfermedad. Una organización llamada los Pioneros de Edison, formada por científicos, antiguos empleados de Thomas Edison, le rindió un último homenaje al escribir sobre él: «Echaremos de menos su genial presencia en nuestras reuniones. Latimer era un miembro de pleno derecho y muy apreciado por Edison Pioneers[5]». Algunos de sus inventos se encuentran expuestos en el Museo Nacional de Historia Americana (Smithsonian Institution, Washington, D.C.). En mayo de 1968, pusieron su nombre a una escuela elemental de Brooklyn (Nueva York, N.Y.): The Lewis H. Latimer School.

---

5 Louis Harber, *Black Pioneers of Science and Invention*, New York, Ed. Harcourt Brace Jovanovich, 1970, p.84.

GRANVILLE T. WOODS

(1856-1910)

Granville T. Woods

Granville T. Woods destaca del grupo de los inventores negros por su fructífera mente. Lo apodaron, no sin razón, «el Edison Negro». Este aspecto se debe en gran medida a su carácter autodidacta.

Nacido en Columbus (Ohio) el 23 de abril de 1856, Woods tuvo que ponerse a trabajar a los diez años por lo que no pudo terminar sus estudios de primaria. Se formó leyendo libros sobre electricidad. Alrededor de 1881, antes de abrir su propia fábrica de teléfonos, telégrafos y equipamiento eléctrico, Woods entró en el mundo del trabajo como bombero en el estado de Missouri. En esa misma época, mostró cierto interés por el estudio de la energía térmica. En 1884 aprobaron su solicitud de patente para la mejora del aparato de calefacción central[1]. Hacia el final

1 Número de patente*: 299, 894, 1884
*Citado por Vivian Ovelton Sammons en *Blacks in Science and Medecine*, New York, Washington, Philadelphia

de ese año, Woods inventó un transmisor telefónico[2] que logró patentar. La ventaja que ofrecía dicho invento residía en su gran eficacia: los sonidos emitidos eran más nítidos y más potentes. Incluso permitía comunicaciones en distancias más largas que antes. Un año después, Woods desarrolló un aparato mixto que combinaba la telegrafía y la telefonía. Lo llamó *telegraphony*[3].

Granville T. Woods

Gracias a ese aparato, ya no hacía falta ser un telegrafista experimentado para enviar mensajes. Asimismo, el conocimiento del morse ya no era de ninguna utilidad. En 1887, Woods inventó un aparato llamado telegrafía de ferrocarriles (*railway telegraphy*[4]). Hacía posible la comunicación entre un tren en marcha y la estación o entre los propios trenes. Animado por sus éxitos, Woods fundó su propia empresa, la Woods Electric Company que duró unos seis años. Después, decidió dedicar todo su tiempo a otros proyectos de inventos. En 1896, Granville Woods fabricó un reostato[5] que sustituía al que se utilizaba en el

2 Número de patente*: 308, 817, 2 de diciembre de 1884.
*Citado por Louis Harber en *Black Pioneers of Science and Invention*, New York, Ed. Harcourt Brace Jovanovich, 1970, p.62

3 Número de patente*: 315, 368, 1885.

4 Número de patente*: 373, 383, 15 de noviembre de 1887
*Citado por Aaron Klein en The Hidden Contributors: *Black Scientifsts and Inventors in America*, New York, Ed. Doubleday and Company, 1971, p.70 y 75..

5 Número de patente*: 569, 443, 13 de octubre de 1896.

teatro para apagar gradualmente las luces. El antiguo aparato presentaba una serie de defectos: sobrecalentamiento de la resistencia y pérdida de energía eléctrica en forma de calor, siendo los teatros lugares muy propicios para los incendios. En cambio, el reostato de Woods, además de por su eficacia, se caracterizaba por su fiabilidad. También permitía ahorrar un 40 % de energía. En enero de 1901 le concedieron una patente por una creación que pasó a llamarse «tercer raíl» (*third rail*)[6]. El metro de la mayoría de ciudades, como el de Nueva York, por ejemplo, aún lo utilizan. En resumen, Woods procedió de la siguiente manera: instaló en paralelo una serie de conductores eléctricos a lo largo de la vía férrea y colectores eléctricos que establecían el contacto entre el tren y los conductores fijados al suelo. La electricidad se controlaba mediante conmutadores electromagnéticos conectados a los susodichos conductores y a la fuente de alimentación. Woods vendió su invención a la General Electric Company de Nueva York en 1901. Los años 1902, 1903 y 1905 constituyen períodos de intensas investigaciones que lo condujeron a la creación de un freno automático de aire comprimido que la Westinghouse Air Brake Company de Pensilvania compró. A esta invención pueden añadirse muchas otras tales como un freno electromecánico (1887), un interruptor automático de circuitos eléctricos[7] (1889) y una incubadora artificial (1890).

La mayoría de los biógrafos de Granville T. Woods, como Louis Harber o Vivian Ovelton Sammons, coinciden en el hecho de que posee unas sesenta patentes emitidas por la Oficina de Patentes de Estados Unidos. Si bien es cierto que Granville T. Woods no recibió, que sepamos, ningún premio oficial que recompensara su aportación al

---

*Citado por Louis Harber en *Black Pioneers of Science and Invention*, New York, Ed. Harcourt Brace Jovanovich, 1970, p.67.

6 Número de patente* : 667, 110, 9 de enero de 1901.
*Citado por Aaron Klein en *The Hidden Contributors: Black Scientifsts and Inventors in America*, New York, Ed. Doubleday and Company, 1971, p.69.

7 Número de patente* : 438, 590, 14 de octubre de 1889.
*Citado en *The Negro Almanac A Reference Work on the African American*, Fifth Edition, Detroit, London (U.S.A.), Ed. Gale Research Inc., 1989, p.1114.

desarrollo de la tecnología, tampoco puede afirmarse que no se reconociera su talento. ¿Acaso la venta de uno de sus inventos, la *telegraphony*, a la American Bell Telephone Company de Boston no confirma su talento? Finalmente, quisiéramos destacar que Granville T. Woods[8] derrotó dos veces ante los tribunales al famoso Thomas A. Edison que le cuestionaba sus derechos sobre unos inventos relacionados con la electricidad.

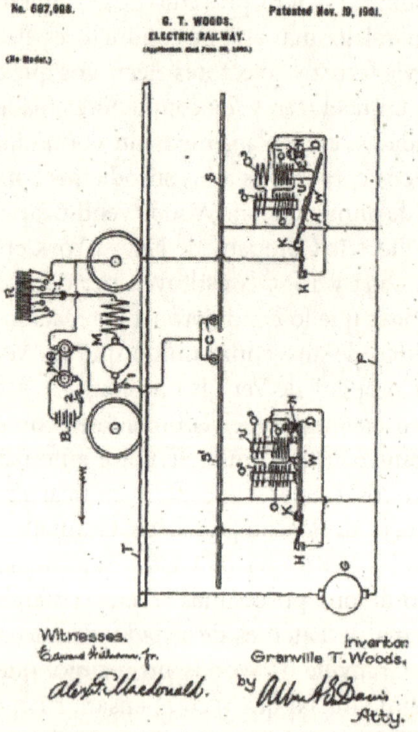

El ferrocarril electrificado de Granville T. Woods

8 Véase Vivian Ovelton Sammons, *Blacks in Science and Medecine*, New York, Washington, Philadelphia, London, Ed. Hemisphere Publishing Corporation, 1990, p. 257.

ELECTRÓNICA

OTIS BOYKIN

(1920-1982)

Las investigaciones punteras en este ámbito de la física que es la electrónica parecen ser bastante recientes. Sin embargo, la aplicación de sus resultados ejerce una enorme influencia en nuestra vida contemporánea, como puede ser la televisión o el ordenador, que nos vienen enseguida a la mente. Uno de los electrónicos negros más famosos de nuestra época se llama Otis Boykin.

Nacido en Dallas (Texas) en 1920, Boykin estudió en la Universidad de Fisk y en el Instituto de Tecnología de Illinois. Al final de su formación, fue contratado por la Majestic Radio of TV Corporation, en Chicago. Más tarde, entró como ingeniero en los P.J. Nilsen Research Labs of Oak Park. Boykin trabajó en calidad de consultor en electrónica para numerosas firmas americanas, europeas y algunas francesas. Le debemos varias invenciones entre las que podemos destacar un regulador para estimulador cardíaco (*pacemaker*). Boykin también desarrolló un filtro de aire. También cabe mencionar otros dos inventos de Boykin: un tipo especial de resistencia que se utiliza en las radios, las televisiones y los ordenadores y un componente electrónico que podemos encontrar en los misiles guiados y en los ordenadores de IBM.

Otis Boykin formaba parte de las siguientes sociedades científicas: la American Association for the Advancement of the Sciences, la International Society for Hybrid Microelectronics, y el Chicago Physics Club. Murió fulminado por un ataque al corazón en 1982. El Old Pros Unlimited Club lo honró concediéndole el Cultural Science Achievement Award.

PHILIP EMEAGWALI

(1954-)

Antes de presentar a este científico, convendría establecer una visión clara de África recordando algunas generalidades, ya que se tiende con demasiada frecuencia a reducir la historia de este continente al período de la trata de esclavos. Quizá en parte esto fue lo que llevó a Amadou Mahtar M'Bow, antiguo director de la Unesco, a escribir: «Durante mucho tiempo, los mitos y prejuicios de todo tipo han ocultado al mundo la verdadera historia de África. Se consideraba a las sociedades africanas como sociedades que no podían tener una historia[1]». Gracias a la arqueología moderna, ahora sabemos que el África antigua escondía tesoros culturales de un valor considerable. Según algunos especialistas como Yves Coppens, Brigitte Senut y Martin Pickford, las investigaciones paleontológicas actuales han permitido demostrar los orígenes africanos del hombre. Como cuna de la humanidad, África fue testigo de la utilización del metal (cobre, hierro y otras aleaciones) varios siglos antes que Jesucristo. Varios descubrimientos en Níger, Nigeria, Camerún, Gabón, Congo, Zaire, Burundi y Ruanda confirman este hecho. Asimismo, algunas recientes investigaciones han aportado la prueba de la fabricación, en África Occidental, de largas y estrechas tiras de tela de algodón que se remontan a los siglos x y xi de nuestra era. Más allá de Egipto, otros pueblos africanos poseían su propio sistema de escritura, a pesar de que la tradición oral tuviera un papel primordial en las sociedades africanas.

1 Amadou Mahtar M'Bow, *Histoire générale de l'Afrique I, Méthodologie et préhistoire africaine*, Paris, Ed. Jeune Afrique/Stock/Unesco, 1980, p.9.

Entre los continentes de nuestro planeta, África se sitúa en segundo lugar, en superficie, tras Asia. Representa uno de los lugares más ricos del mundo. Su potencial de energía hidráulica está estimado en un 40 % del total mundial. Sus recursos mineros son muy abundantes: oro, diamantes, bauxita, uranio, cobalto, hierro, fosfato, etc. Estas extraordinarias riquezas de África siguen atrayendo a las empresas multinacionales cuyo principal interés consiste en garantizarse el control del continente. Al igual que la mayoría de los países del Tercer Mundo, África ha vivido lo que se conoce con el nombre de éxodo de cerebros, por lo que gran parte de sus científicos trabajan en Occidente, principalmente en Estados Unidos. Entre ellos destacan Cheick Modibo Diarra y Philip Emeagwali.

Nacido en 1954 en Nigeria, el país más poblado de África y gran productor de petróleo, Philip Emeagwali tuvo que abandonar sus estudios de secundaria por motivos económicos. Consiguió terminarlos gracias a la ayuda de su padre que le daba clases por las noches. A la edad de diecisiete años, consiguió una beca de admisión en la Universidad de Estado de Oregón donde se graduó en Matemáticas en 1977. En 1981, obtuvo su título de postgrado de máster en Ingeniería Civil en la Universidad George Washington. También se tituló en Matemáticas aplicadas en 1986 en la Universidad de Maryland y obtuvo un doctorado en Informática en la Universidad de Michigan en 1994. Su formación multidisciplinaria explica los diferentes cargos que ocupó. Emeagwali trabajó como ingeniero civil para el estado de Maryland. Sin embargo, es en informática donde demostrará sus verdaderas aptitudes. Al dedicarse a la investigación aplicada, ofrece servicios de asesoría a algunas empresas americanas y su contribución a la ciencia alcanza un alto valor. En efecto, creó una serie de programas capaces de resolver problemas que hasta entonces se consideraban irresolubles. La estructura informática que desarrolló permitió a 65 000 procesadores que funcionaban simultáneamente ejecutar un enorme número de cálculos en un lapsus de tiempo extremadamente corto. Nunca antes se habían logrado semejantes resultados. Emeagwali también inventó una técnica de recuperación de petróleo mediante la eliminación de fugas en los depósitos. Este proceso, basado en cálculos electrónicos, se utilizó ampliamente en la industria petrolífera que sin duda se benefició económicamente de ello.

En paralelo a su labor como investigador, Emeagwali también tuvo un papel de educador. Acudió invitado a algunas escuelas para hablar con los alumnos y animarles a elegir carreras de ciencias, como por ejemplo en la Garfield Park East Elementary School (Filadelfia) y en la Martin Luther King Jr Elementary School (Alabama). Emeagwali concedió numerosas entrevistas sobre su trabajo a los medios de comunicación: para la Voz de América, la BBC Radio, la PBS Futures TV Series o para *The Africa Journal*. Los logros científicos y técnicos de Emeagwali tuvieron bastante resonancia. No solo lo mencionaron en obras colectivas como en *Who's who in America*, *Who's who in the world* o en la revista *Ebony*, sino que Philip Emeagwali también fue objeto de grandes distinciones. En 1997, recibió el Premio Nacional de la República de Nigeria. En 1991, la Sociedad Nacional de Ingenieros Negros de Estados Unidos lo honró al proclamarlo científico del año. La National Technical Association de ese mismo país le otorgó el título de informático del año de 1993. A todas estas muestras de reconocimiento debemos añadir la obtención, en 1989, por parte de Emeagwali, del Gordon Bell Prize del Institute of Electrical and Electronics Engineers. En el ámbito de la informática, este premio se considera como la más alta distinción que un experto pueda recibir e incluso han llegado a comparalo con el Premio Nobel.

MARK DEAN
(1957-)

El hecho de que nuestros ordenadores sean hoy en día multifuncionales se debe en gran medida a los trabajos del Dr. Mark Dean. Nacido en 1957 en la ciudad de Jefferson en el estado de Tennessee, ya en su período escolar más elemental era un brillante alumno de matemáticas. Tras graduarse en Ingeniería Electrónica en la Universidad de Tennessee en 1979, obtuvo en 1982 su máster en esa misma disciplina en la Universidad Florida Atlantic. Y en 1992 consiguió su doctorado en la Universidad de Stanford. Desde hace varios años, Mark Dean trabaja para la famosa empresa americana IBM, donde empezó primero en calidad de ingeniero y siguió más tarde como director de investigación. Publicó, en solitario o con la colaboración de algunos compañeros de trabajo, un cierto número de artículos en la revista científica *IBM Technical Disclosure Bulletin*. Estos son dos de sus estudios: «Processor Shutdown Circuit», de agosto de 1984, p.1691 e «Integrated Input/Output Support Circuitry for use with 80296/80386 Microprocessors», de julio dc 1989, p. 205-216. La editorial del MIT (Massachussetts Institute of Technology) y el IEEE (Institute of Electrical and Electronics Engineers) Computer Socicty publican la mayoría de los textos de conferencias de Mark Dean.

Los trabajos que el Dr. Mark Dean realizaba o dirigía condujeron a la obtención de más de una treintena de patentes. No obstante, quisiéramos llamar la atención sobre una de sus creaciones, desarrollada en colaboración con Dennis L. Modler: una arquitectura de bus llamada

Industry Standard Architecture, ISA system bus[1]. Esta invención permitió el empleo de los periféricos que conocemos hoy en día: módem, impresora, escáner, disquete, terminal, etc.

Amplió considerablemente el espectro de funciones del ordenador tanto el plano técnico como en el de su aplicación en ámbitos administrativos, industriales o sociales. También debemos a Mark Dean el desarrollo, por parte del equipo de investigadores que trabajaba bajo su dirección, de un procesador que constituye el componente básico de los microordenadores y de los ordenadores personales. Según Pierre Morvan, «IBM lanzó a principios de los 80 el término *Personal Computer* (PC), creando así el estándar pc[2]». Como bien sabemos, el empleo de este tipo de ordenadores está cada vez más extendido.

Sin duda, los inventos y las investigaciones del Dr. Mark Dean contribuyeron al avance de la informática, como atestiguan las distinciones que le concedieron la mayoría de las instituciones científicas americanas. Siendo ya miembro de la Academia de Tecnología de IBM, Mark Dean se convirtió en 1995 en miembro de esta empresa. En 1997 entró en el Panteón de los inventores americanos. Lo nombraron ingeniero del año dos veces, en 1997 y en el 2000. También cabe añadir que Mark Dean fue admitido en la Academia Nacional de Ingeniería de Estados Unidos. El 12 de abril de 2005, la Universidad de Tennessee, donde cursó parte de su formación, organizó en su honor un banquete durante el cual le entregaron el Premio Dougherty.

1 Número de patente: 4528626, julio de 1985.

2 Pierre Morvan (bajo la dirección de), *Dictionnaire de l'informatique Acteurs Concepts réseaux*, Paris, Éd. Larousse, 2000, p.174.

MEDICINA

Daniel H. Williams

DANIEL HALE WILLIAMS

(1856-1931)

Entre los numerosos Negros que han marcado la historia de la medicina figura el Dr. Daniel H. Williams. Nació en 1856 en Hollidaysburg (Pensilvania). Era el quinto hermano de una familia de siete hijos. Al morir su padre con cuarenta y siete años, Williams empezó a trabajar desde los diez años. Trabajó en Baltimore en un local de reparación de calzado, luego aprendió el oficio de peluquero y abrió en Edgerton (Wisconsin) su propio salón. Más tarde, se mudó con su hermana Sally a Janesville donde consiguió encontrar trabajo en la peluquería de Harry Anderson. Pero todo eso no respondía a su sueño de convertirse en cirujano. Al acabar sus estudios de secundaria, Williams se dirige a un reputado cirujano de Janesville: el Dr. Henry Palmer cuya colaboración le será de gran ayuda. Con veintidós años, Williams empieza a estudiar bajo la dirección del Dr. Palmer y lee numerosos libros de medicina. De hecho, realiza dos años de prácticas en la clínica de este cirujano. Recordemos que en aquella época muy pocos médicos adquirían su formación en una escuela tradicional formal. E incluso en esos casos, la duración de los estudios no pasaba de los dieciocho meses.

En 1880, Daniel H. Williams fue admitido en el Chicago Medical College que se convertiría más tarde en la Northwestern University Medical School. Tras graduarse en 1883, abrió sin demora su propia clínica privada. Antes de evocar las proezas quirúrgicas del Dr. Williams, realizadas por primera vez en el mundo, convendría recordar brevemente en qué situación se encontraban los conocimientos médicos de su época. Del Renacimiento a principios del siglo xix, la práctica de la cirugía era muy limitada. Al carecer de un conocimiento preciso de las enfermedades a las que se enfrentaban, los cirujanos se limitaban solo a ciertas operaciones: las hernias, los tumores cutáneos, las heridas y las fracturas. En aquella época, todavía se atribuía a las enfermedades un origen demoníaco o misterioso. Hizo falta no menos de tres descubrimientos memorables para transformar la práctica de la cirugía: la anestesia descubierta en 1846 por los dos dentistas americanos Horace Wells y Morton, la antisepsia (1867) y la asepsia (1886). Estas dos últimas aportaciones fueron el resultado del trabajo de dos científicos que dieron un impulso decisivo a la ciencia. Se llaman Louis Pasteur (Francia) y Joseph Lister (Inglaterra). Pasteur había demostrado, entre otras cosas, que la «generación espontánea» de microbios no existía y que el aire ambiental vehiculaba gérmenes infecciosos. Lister, apoyándose en los trabajos de Pasteur, inventó la antisepsia, un método que servía para impedir la aparición de microbios en el organismo. A partir de 1886, Pasteur desarrolló otra técnica, la asepsia, que se diferencia de la antisepsia por el empleo recomendado de instrumental, vendajes, esponjas e hilos de sutura previamente esterilizados mediante calor. El 9 de julio de 1893, valiéndose de sus conocimientos recién adquiridos, el Dr. Daniel H. Williams salvó la vida de un joven, James Cornish, al que habían apuñalado en una pelea. Este perdía sangre: el arma había penetrado en el pecho y había alcanzado el pericardio. Trasladado al Provident Hospital, James Cornish se debilitaba cada vez más. Recordemos que tanto la radiografía como la transfusión sanguínea aún no se conocían. Con la ayuda de seis médicos, el Dr. Daniel H. Williams abrió la caja torácica del paciente, cosió el pericardio y consideró innecesario suturar el corazón. Era la primera vez que un cirujano llevaba a cabo este tipo de operaciones. Tras salvar su vida, James Cornish vivió hasta los cincuenta años.

El periódico de Chicago, el *Daily Inter-Ocean*[1], publicaba el siguiente titular: «*Sewed up His Heart*» (Cosió su corazón). Como consecuencia, el Dr. Daniel H. Williams fue considerado como el primer cirujano del mundo en realizar una operación a corazón abierto.

En paralelo a su carrera profesional, el Dr. Daniel H. Williams se interesaba por las cuestiones políticas y sociales de su época. Como miembro muy respetado de la Equal Rights League, abogó un poco en todas partes por la creación de un hospital dirigido por Negros. Consiguió atraer a un gran número de personas a su causa: Negros y Blancos, pobres y ricos. Y en mayo de 1891 se creó el primer hospital multirracial de Estados Unidos. Se trata del Provident Hospital cuyo personal estaba compuesto por médicos cuidadosamente elegidos en base a su nivel de cualificación. Así pues, el Dr. Williams facilitó la iniciación de jóvenes Negras a la profesión de enfermeras permitiéndoles realizar prácticas en el nuevo hospital.

Daniel H. Williams era conocido tanto por su labor social como por su talento de cirujano. Y como prueba de ello, las Universidades de John Hopkins, de Pensilvania, enviaron médicos a asistir a sus intervenciones quirúrgicas. El Dr. Williams fue uno de los miembros fundadores de la National Medical Association. En 1908, con motivo de su vigésimo quinto aniversario de práctica profesional, algunos médicos negros llegados de todos los rincones de Estados Unidos entregaron al Dr. Williams, durante la celebración de un banquete, una copa de plata sobre la cual estaban grabados los nombres de treinta y siete médicos (de raza blanca y negra) de Chicago.

Tras su muerte el 4 de agosto de 1931 y con arreglo a sus últimas voluntades, su biblioteca fue donada al Mercy Hospital de Filadelfia. Dejó una cantidad de dinero que debía repartirse (de nuevo, según sus instrucciones) entre las siguientes instituciones: la YWCA, las Meharry and

---

1 Citado por Louis Harber en *Black Pioneers of Science and Invention*, New York, Ed. Harcourt Brace Jovanovich, 1970, p.188.

Howard Medical Schools y la National Association for the Advancement of Colored People (NAACP). Al igual que George W. Carver, el Dr. Daniel Hale Williams fue tanto un brillante científico como un admirable filántropo.

WILLIAM A. HINTON

(1883-1959)

El Dr. William Augustus Hinton nació el 15 de diciembre de 1883 en Chicago. Tras obtener su *Bachelor's degree* en Ciencias en la Harvard University en 1905, se graduó como médico en 1912 en el Harvard Medical College. Hinton fue nombrado director del Wasserman Laboratory (Massachusetts Department of Public Health) en 1915, y más tarde ocuparía otros puestos de importancia similar. Además de patólogo y director de investigación en el Boston Dispensary, el Dr. Hinton fue el primer Negro en enseñar en la Escuela de Medicina de Harvard (Harvard Medical School). Allí dio clases de bacteriología durante treinta y seis años. Hinton era muy consciente de los problemas sociales de su entorno. En el Boston Dispensary dio clases de técnicas médicas a jóvenes desfavorecidas, convirtiendo este centro en una de las primeras instituciones de formación en esta materia.

El Dr. Hinton debe su fama principalmente a sus trabajos sobre la sífilis: desarrolló un test de detección de esta enfermedad venérea al que se conoce como el *Hinton test for syphilis*. Colaboró con el Dr. J.A. Davies y logró perfeccionar dicho test que adoptó el nombre de *Davies-Hinton Test*. William A. Hinton fue el autor del primer manual de medicina escrito por un Negro en Estados Unidos. Publicado en Nueva York, por la editorial Macmillan en 1936, este libro de 321 páginas se titula *Syphilis and Its Treatment*. El Dr. Hinton murió en 1959 en Canton (Massachusetts).

Aparece citado en numerosas obras colectivas: en *Dictionary of American Negro Biography*, *History of the Negroes in the Medicine*, *Encyclopedia of Black America* y en *Dictionary of American Medical Biography*. Según Vivian Ovelton Sammons[1], el Dr. Hinton habría rechazado la medalla Spingarn de la NAACP alegando que preferiría que se reconozcan sus investigaciones por su valor y no por el color de su piel. Algunos años después de la muerte del Dr. Hinton, dieron su nombre al laboratorio de serología del Departamento de Salud Pública del Estado de Massachusetts.

1 Vivian Ovelton Sammons, *Blacks in Science and Medecine*, New York, Washington, Philadelphia, London, Ed. Hemisphere Publishing Corporation, 1990, p.121.

LOUIS TOMPKINS WRIGHT

(1891-1952)

No es nada habitual que un científico tenga cualidades de militante político ya que las ventajas sociales que aportan algunas profesiones liberales atenúan o directamente aniquilan cualquier sentimiento de altruismo o de generosidad. El Dr. Louis T. Wright, se dio a conocer como médico experimentado y ferviente defensor de la igualdad racial en Estados Unidos, un activismo que le hizo destacar entre sus compañeros de profesión. Siendo muy joven, Wright protestó contra una película considerada racista, llamada *The Birth of a Nation* de D. W. Griffith. En 1937, apoyó el Negro People's Committee destinado a luchar contra el fascismo en España. A lo largo de su carrera profesional, siempre se dedicó al bienestar y a la salud de los Negros americanos. Pero su activismo nunca fue un obstáculo para sus investigaciones médicas. Antes de desarrollar este último punto, describiremos resumidamente el itinerario de su vida.

Louis T. Wright nació en 1891 en La Grange (Geogia), se graduó en 1911 en el Clark College (Atlanta) y obtuvo su doctorado en la escuela de medicina de la Harvard University en 1915. De 1917 a 1918 sirvió en el cuerpo médico del ejército americano, lo cual le llevó a pasar un tiempo en Francia. El Dr. Louis T. Wright fue director del Departamento de Cirugía del Hospital de Harlem de 1928 a 1939, y también responsable de la integración racial en ese mismo hospital de 1943 a 1952, año de su muerte. También se le debe la creación del centro de investigación del cáncer del Hospital de Harlem. Asimismo, el Dr. Louis T. Wright destacó de igual forma por sus trabajos científicos. Además de los numerosos artículos que publicó sobre la terramicina y la aureomicina (dos antiobióticos), fue un innovador en técnica quirúrgica: inventó por ejemplo un collarín para fracturas cervicales que aún se usa hoy en día. Louis T. Wright creó un método de vacunación por vía intradérmica contra la viruela. Su técnica atenuaba los efectos secundarios no deseados. Por primera vez, él y el equipo que dirigía tuvieron éxito con el empleo de la aureomicina para el tratamiento de las enfermedades venéreas. Los logros científicos del Dr. Wright le valieron un lugar destacado en el mundo de la medicina.

En 1934, lo admitieron como miembro en el American College of Surgeons. El Dr. Daniel Hale Williams fue el único médico negro en formar parte de esta institución durante veintiún años. El Dr. Louis T. Wright, que recibió en 1940 la medalla Spingarn, una distinción fundada en memoria de su creador, era miembro de la New York Surgical Society y del International College of Surgeons. Unos seis meses antes de su muerte, se organizó una cena en su honor. Durante la misma, Eleanor Roosevelt, mujer del presidente Franklin D. Roosevelt, nombraba a los oradores encargados de elogiar al Dr. Wright por sus hazañas en el ámbito de la medicina y de los derechos cívicos. Varios edificios públicos llevan su nombre: la Louis T. Wright Medical Library del Hospital de Harlem y el Louis T. Wright Surgical Building, de ese mismo hospital. En 1976, dieron su nombre a una escuela de este barrio de Nueva York.

Louis Tompkins Wright

CHARLES RICHARD DREW

(1904-1950)

A pesar de sus notables capacidades como deportista, Charles R. Drew hizo carrera más bien en el ámbito de la medicina.

Nacido en 1904 en el gueto de Washington D.C., Charles R. Drew era el mayor de una familia de cinco hijos. Su padre era tapicero y su madre maestra. La precariedad de la situación económica de la familia empujó a Drew, que entonces tenía doce años, a ayudar a sus padres vendiendo periódicos. Terminó sus estudios en la Stevens Elementary School en 1918 y se graduó en en la Dunbar High School en 1922. Ese mismo año, ingresó en el Amherst College donde destacó notablemente en fútbol americano. Se convirtió en la estrella de su equipo y le entregaron el trofeo Howard Hill Mossman que recompensa los esfuerzos de quien haya obtenido los mejores resultados en atletismo de todo el centro. Pero Drew soñaba con otra cosa: quería ser médico.

Recién salido del Amherst College, trabajó durante dos años (de 1926 a 1928) en el Morgan State College como director de atletismo y profesor de biología. Tras ser rechazado por la escuela de medicina de la Howard University, se dirigió a la Universidad McGill de Montreal, que lo aceptó. No tardó en llamar la atención. Su profesor de anatomía, M. John Beattie, despertó su interés por el problema de la transfusión sanguínea. Pero al cabo de tres años, Charles R. Drew empezó a tener problemas económicos. Con la ayuda de una beca de la Julius Rosenwald Foundation, consiguió terminar sus estudios. Quedó segundo en una clase de ciento treinta y siete estudiantes. Pasó un año como interno en el Hospital

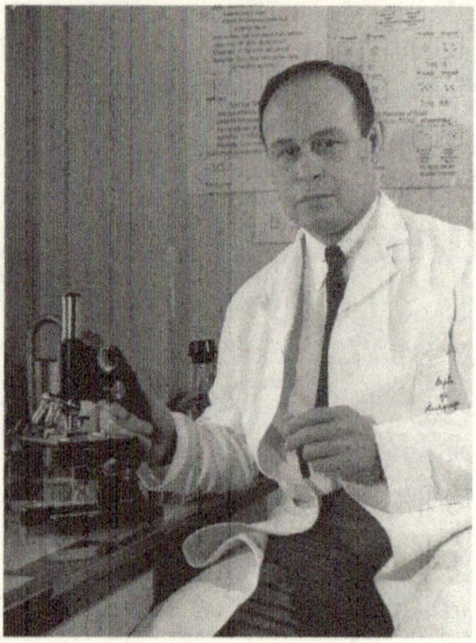

Charles Richard Drew

General de Montreal (Quebec). Durante su estancia en Montreal, siguió colaborando con el profesor británico John Beattie. En 1935, regresó a la escuela de medicina de la Howard University para dar clases de patología. En 1940, obtuvo su doctorado en Medicina en la Universidad de Columbia. Su tesis se titula: «Banked Blood: A study in Blood Preservation». El Dr. Scudder, especialista en la materia, describe este estudio como «un trabajo monumental y una guía para la creación de bancos de sangre[1]». También hay que reconocer que, si Charles R. Drew logró sacar adelante sus investigaciones sobre la sangre, fue gracias a una beca que le concedió el Consejo General de Educación de la Fundación Rockefeller.

Para poder resaltar mejor la importancia de la aportación del Dr. Charles R. Drew al avance de la investigación sobre la sangre, convendría establecer, aún a grandes rasgos, cuál era el estado en aquella época de los conocimientos en este ámbito. En la primera mitad del siglo XX, la ciencia, a pesar de sus enormes progresos, no había logrado desvelar todos los secretos de este preciado líquido que es

1 Louis Harber, *Black Pioneers of Science and Invention*, New York, Ed. Harcourt Brace Jovanovich, 1970, p.232.

la sangre. Por ejemplo, el Dr. Alexis Carrel, Premio Nobel de 1912 y autor de *L'homme, cet inconnu*, sentó las bases de los estudios posteriores sobre el trasplante de vasos sanguíneos y órganos. También sabemos que el austríaco Karl Landsteiner, Premio Nobel de Medicina de 1930, más conocido como «el padre de la inmunología sanguínea», había establecido los grupos O, A, B y AB. Este descubrimiento hizo posible la realización de transfusiones sanguíneas. Pero uno de los principales problemas que se planteaban era la conservación de este líquido que, fuera del cuerpo, se deteriora rápidamente. Drew centró toda su atención en los factores físicos, químicos o biológicos que pudieran provocar la alteración de la sangre. Se dio cuenta de que el plasma sanguíneo se prestaba mucho mejor al almacenamiento. Se entiende por plasma la parte líquida de la sangre libre de células. La ventaja que presentaba el uso del plasma era que resolvía el problema de incompatibilidad o, dicho de otra forma, ya no era necesario tomar en consideración al mismo tiempo el grupo sanguíneo del donante y del receptor. La importancia del descubrimiento de Drew viene dada por la urgente necesidad de transfusiones sanguíneas debido a la Segunda Guerra Mundial. Los principales países beligerantes (Francia, Inglaterra, Estados Unidos y Canadá) tenían una necesidad crucial de sangre. Así pues, no solo hacía falta transfundir sino sobre todo conservar la sangre. En 1940, la Blood Transfusion Association convocó una reunión urgente en la que participaron los doctores Alexis Carrel y Karl Landsteiner. Charles R. Drew logró convencer a los participantes de la pertinencia de la elección del plasma en lugar de la sangre para transfundir. Según él, este método resultaba ser más práctico y más eficaz.

En 1939 estableció, en colaboración con el Dr. Scudder, el banco de sangre del Presbyterian Hospital de Nueva York. Un año más tarde, Drew regresó a la escuela de medicina de Howard donde enseñó cirugía. Mientras tanto, la Blood Transfusion Association ofreció su ayuda a Gran Bretaña que seguía en guerra. Así fue como se creó el proyecto conocido como «Blood for Britain». El Dr. John Beattie, director de investigación en los laboratorios del Real Colegio de Cirujanos de Inglaterra, solicitó la ayuda de Drew para que este organizara la expedición del plasma sanguíneo hacia ese país. El Dr. Charles R. Drew tomó las disposiciones necesarias para llevar a cabo este proyecto al que también se unió la Cruz Roja Americana. Y así fue cómo a finales de 1940 Gran Bretaña se encontraba en condiciones de poder gestionar sus propios bancos de sangre. Más en adelante, la Cruz Roja Americana decidió elaborar un programa nacional de recogida de sangre reservada a las fuerzas armadas americanas. El director no fue otro que Charles R. Drew. Todo iba bien hasta que los viejos demonios de la discriminación racial volvieron a aparecer: las fuerzas armadas informaron a la Cruz Roja Americana de que la sangre de «gente de color» no sería aceptada. Aquello indignó profundamente al Dr. Charles R. Drew e incitó al periódico de Chicago, *Defender* (del 26 de septiembre de 1942) a escribir: «Rechazan la sangre negra, pero cuando los terribles ataques aéreos sobre Londres en septiembre de 1940 mataron e hirieron a miles de personas, se hizo un llamamiento urgente a América para que donara plasma sanguíneo. Y es a un cirujano negro americano al que los médicos británicos se dirigieron para solicitar el envío de plasma de Estados Unidos[2]». El mismo periódico prosigue: «No aceptan la sangre negra, pero cuando los japoneses bombardearon Pearl Harbor y mutilaron a cientos de soldados y de marines americanos, la sangre que salvó la vida de estos últimos fue recogida por un cirujano negro[3]». Esta aprensión hacia la «sangre negra» se explica, en gran medida, por la ignorancia y los mitos que suelen asociarse a ella. La ciencia nos enseña que, más allá de los problemas de incompatibilidad, se puede transfundir la sangre de un individuo de una determinada raza a un individuo de otra raza. Sin embrago, en la época de Charles R. Drew, se creía erróneamente que la

2 Ibid., p.237

3 Ibid., p.238.

sangre de una persona de raza negra contenía sus rasgos de personalidad y que podía incluso alterar el color de la piel de una persona transfundida de raza blanca. Nos encontramos por aquel entonces en la primera mitad del siglo XX, en pleno conflicto mundial. Recordemos que es el momento en el que Adolf Hitler, en su libro *Mein Kampf*, reivindica el mito de la sangre para crear un nuevo orden: «La misma sangre pertenece al mismo imperio[4]». El hecho de que la palabra "sangre" se use aquí en sentido metafórico no cambia nada. Lo importante es que sirva como criterio de selección.

Otros acontecimientos nefastos del mismo tipo del que acabamos de evocar exasperaron enormemente a Drew, pero no le impidieron tener una fulgurante carrera médica y científica. Todas las muestras de reconocimiento que le han sido dedicadas son prueba más que suficiente de ello. Varias escuelas de Washington, D.C., Wilmington, Delaware, Arlington, en Virginia, en Florida, y en Indiana llevan su nombre. En 1944, Charles R. Drew recibió la medalla Spingarn de la National Association for the Advancement of Colored People (NAACP) por su trabajo sobre el plasma sanguíneo. También le entregaron el premio E.S. Jones por su labor de investigación en medicina. El Virginia State College le otorgó en 1945 un doctorado honorífico en Ciencias, así como el Amherst College. En 1946, el Dr. Charles R. Drew fue nombrado miembro del Colegio Internacional de Cirujanos. En septiembre de 1968, el Charles R. Drew Neighborhood Health Center empezó a funcionar en el barrio de Bedford-Stuyvesant de Brooklyn, en el estado de Nueva York. Un centro médico en California lleva el nombre de Charles R. Drew. En 1977, la sede de la Cruz Roja Americana en Washington D.C. pasó a llamarse Charles R. Drew Blood Center. El Dr. Drew murió en 1950 a consecuencia de una hemorragia provocada por un accidente de tráfico. Algunos dicen que podría haber salvado su vida si el hospital reservado a los Blancos hubiera aceptado curarlo.

4 Citado por Pierre Paraf en Le racisme dans le monde, Paris, Ed. Payot, 1964, p.41-42.

JANE COOKE WRIGHT

(1919-)

Hija de Louis Tompkins Wright, médico e investigador emérito, Jane Cooke Wright nació el 30 de noviembre de 1919 en la ciudad de Nueva York. Cursó allí sus estudios de primaria y de secundaria que terminó en 1938. Muy pronto, mostró tener una gran aptitud para las artes. En 1942 se graduó en el Smith College de Northampton (Massachusetts) y obtuvo su doctorado en la Escuela de Medicina de Nueva York en 1945. Tras trabajar como interna en el Hospital Bellevue de Nueva York, Jane C. Wright tuvo algunas dificultades para encontrar trabajo. Su padre, que creó en 1947 la Harlem Cancer Research Foundation, la invitó a unirse a su equipo de investigadores. Jane C. Wright aceptó. Esta decisión marcará toda su carrera profesional. Publicó, en colaboración con su padre, decenas de artículos científicos. Al morir este, en 1952, asumió la dirección del centro de investigación sobre el cáncer de Harlem, que dejó en 1955 para trabajar en el Bellevue Medical Center, donde siguió investigando sobre la quimioterapia. Es importante destacar que en esa época la mayoría de los médicos no veían en este tratamiento una forma eficaz de lucha contra el cáncer. Esta terapia atraía las peores críticas y distaba mucho de gozar de la consideración que suscita hoy en día. Y es precisamente en este ambiente en el que la Dra. Jane C. Wright y su equipo trabajaban. Fue la primera en preconizar la politerapia. Descubrió, por ejemplo, que el metotrexato (un antifólico) provoca la regresión del cáncer de pecho. La Dra. Jane C. Wright y sus colaboradores probaron con éxito diferentes medicamentos con sus pacientes. Gracias a esa nueva terapia, muchas pacientes enfermas de cáncer de pecho sobrevivieron de siete a diez años más a la enfermedad. Observó más tarde que en los pacientes afectados por un melanoma avanzado y tratados con actinomicina D (un antibiótico) el cáncer disminuía. Jane C. Wright y su equipo elaboraron una tabla de dosificación para cada medicamento anticanceroso. Los resultados de las investigaciones de la Dra. Jane C. Wright se publicaron en más de un centenar de artículos y también colaboró en la redacción de nueve obras científicas.

Jane C. Wright se mostró siempre muy activa y fue miembro de la American Society of Clinical Oncology, de la American Cancer Society y de la New York Cancer Society de la cual fue la primera mujer en dirigirla de 1971 a 1972. En 1964, el presidente de Estados Unidos, Lyndon B. Johnson la invitó a participar en la comisión médica sobre enfermedades del corazón, cáncer e infartos cerebrales. Se puso en práctica la recomendación de la Dra. Jane C. Wright de crear centros regionales del cáncer por todos los Estados Unidos. Le entregaron un gran número de premios. Fue condecorada con una medalla del Smith College. El Colegio Médico de Pensilvania le entregó un doctorado honorífico, el *Doctor of Medical Sciences*. Recibió por parte de la sección femenina de la Escuela de Medicina Albert Einstein The Spirit of Achievement Award. La American Association for Cancer Research también la honró por sus «importantes contribuciones a la investigación en quimioterapia clínica[1]». La Dra. Jane C. Wright se jubiló en 1988 tras una fructuosa carrera tanto como médico que como investigadora.

---

1 1Citado por Edward Sidney Jenkins en To Fathom More African American Scientists and Inventors, Lanham, New York, London, University Press Inc., 1996, p.321.

SAMUEL L. KOUNTZ

(1930-1981)

La técnica del trasplante de órganos no se puso en práctica hasta el siglo XX. Este es el campo en el que el Dr. Samuel L. Kountz iba a destacar. Nacido en 1930 en Lexa (Arkansas), Kountz terminó sus estudios en 1952 en la Universidad de Arkansas. Gracias a la obtención de una beca, pudo seguir estudiando bioquímica en la Universidad de Arkansas donde terminó sus estudios de postgrado con la obtención de un máster en 1956 y de un doctorado en 1958. En 1965, fue residente en la Escuela de Medicina de la Universidad de Stanford. Tras haber sido profesor de Cirugía a tiempo completo en la Universidad del estado de Nueva York, ocupó el puesto de cirujano jefe en el Kings County Hospital Center. Una de las principales preocupaciones del Dr. Samuel L. Kountz era contribuir en la mejora de la atención médica que recibía la comunidad negra.

Este objetivo nunca fue un obstáculo para sus investigaciones. Kountz publicó más de un centenar de artículos científicos sobre el trasplante de riñón. Sin duda resulta importante destacar que el Dr. Kountz realizó esta operación con éxito varios centenares de veces. En 1964, el Dr. Kountz, asistido por el Dr. Roy Cohn, realizó el segundo trasplante de riñón del mundo, entre una madre y su hija. El primero se llevó a cabo en 1962 en el Hospital Necker de París e implicaba a individuos no gemelos. El Dr. Kountz también se centró en el problema de la conservación y del rechazo de órganos. Desarrolló, junto al Dr. Folker O. Belzer, una técnica que permitía conservar el riñón durante más de cincuenta horas tras su extracción. También debemos a su iniciativa la creación en San Francisco de uno de los centros más grandes de Estados Unidos de formación y de investigación sobre el trasplante renal.

Antes de su muerte en diciembre de 1981, causada por una enfermedad contraída en Sudáfrica, el Dr. Samuel L. Kountz fue homenajeado y obtuvo cierto reconocimiento por su trabajo. En 1964, el Colegio Americano de Cardiología le entregó el premio de Outstanding Investigator y la Universidad de Arkansas le concedió en 1973 el título honorífico de doctor en Derecho.

PATRICIA E. BATH

(1949-)

Nacida en Nueva York en 1949, de madre afroamericana y de un padre oriundo de Trinidad y Tobago, Patricia E. Bath estudió en el centro de educación secundaria Charles Evans Hughes. Después, ingresó en el Hunter College de Nueva York. Tras graduarse con un *Bachelor's degree* en Química y Física, estudió medicina en la Howard University y se especializó en oftalmología en la Universidad de Columbia (Nueva York).

Patricia E. Bath fundó en 1976, en colaboración con algunos colegas de profesión, el American Institute for the Prevention in Blindness (AIPB). Cinco años más tarde, concibió el proyecto de utilizar el láser para la extracción de cataratas y fue en Berlín (Alemania) donde encontró el tipo de láser que más se adecuaba a sus investigaciones. De regreso a Estados Unidos, continuó con sus trabajos en California y en Nuevo México. Consiguió finalmente desarrollar una técnica de operación con láser de la catarata que bautizó como «Laserphaco Probe[1]» y que patentó en varios países como Estados Unidos, Canadá (1992), Japón (1992) y Alemania (1995). La ampliación de sus investigaciones en el ámbito de la cirugía oftalmológica le valió la obtención de otras dos patentes[2]. Más recientemente, perfeccionó sus métodos al introducir el uso del ultrasonido[3].

Numerosas instituciones honraron a la Dra. Patricia E. Bath. Como primera mujer cirujana de la Escuela de

1 Número de patente: 4.744.360, 17 de mayo de 1988.

2 Número de patente: 5.843.071, 1 de diciembre de 1998.

3 Número de patente: 6.083.192, 4 de julio del 2000.

Medicina Richard Drew (California), fue nombrada miembro honorífico del Centro Médico de la Universidad de California (UCLA). En 1988, la admitieron en el Panteón del Hunter College. El 4 de mayo del 2001, la American Medical Women's Association le rindió un homenaje y la describió como una de las mujeres más destacadas de Estados Unidos.

BENJAMIN S. CARSON

(1951-)

Jesse Jackson dijo del Dr. Benjamin Solomon Carson: «Es un modelo para todos los jóvenes de hoy». Estas palabras no hacen más que confirmar la materialización de uno de los sueños más perseguidos por este neurocirujano fuera de lo común: el propio Dr. Carson, en su autobiografía titulada *Gifted Hands* escrita en colaboración con Cecil Murphy, expresó su voluntad de «ser un modelo de referencia para los jóvenes[1]». Este libro que, tal y como lo indica el subtítulo (*The Ben Carson Story*), relata los hechos más destacados de su vida, constituye, en gran medida, un vibrante homenaje a su madre Sonya Carson de la que ofrece un retrato muy elogioso. Sonya Carson era una mujer abnegada, determinada, poco instruida pero inteligente que ejerció una influencia decisiva sobre sus dos hijos Benjamin y Curtis. Los incitaba a leer. «Las puertas del mundo, pensaba, se abren a aquellos que saben leer[2]».

Ben Carson nació el 18 de septiembre de 1951, en un ambiente social modesto de Detroit (Michigan). Tenía ocho años cuando sus padres se divorciaron. Esa separación agravó la precariedad económica de la familia. Tras un período marcado por la indecisión y la duda, Ben Carson acabó siendo un brillante alumno que despertó la admiración y el respeto de sus compañeros de clase. Gracias a sus brillantes resultados escolares, consiguió obtener una beca de estudios para la Yale University donde se graduó en 1973.

---

1 1Ben Carson y Cecil Murphy, Gifted Hands. The Ben Carson Story, Michigan, Ed. Zondervan, 1990, p.212.

2 2Ibid., p.33.

Cuatro años más tarde, obtuvo su doctorado en Medicina en la Universidad de Michigan y trabajó como médico interno en el Hospital Johns Hopkins (Baltimore). Al finalizar su actividad profesional en el Queen Elizabeth II Medical Center de Australia, Carson regresó a Estados Unidos donde dirigió el departamento de neurocirugía pediátrica del Hospital Johns Hopkins.

Entre sus numerosas hazañas médicas (realiza más de trescientos intervenciones quirúrgicas al año), hemos decidido evocar dos de ellas. Pero antes quisiéramos destacar un acontecimiento anterior determinante en su carrera. Durante su actividad como médico interno en el Hospital Johns Hopkins (1978-1982), Carson se dedicó a investigar sobre tumores cerebrales. En vez de utilizar monos, ratones o perros, prefirió recurrir al empleo de conejos. Inocularon en los cerebros de los animales células cancerosas que se desarrollaron en su interior. Con la ayuda de los especialistas Jim Anderson y John Hilton, el Dr. Carson creó una técnica que permitía a los investigadores proseguir con sus trabajos sobre la evolución de los tumores cerebrales. Lo nombraron Interno del año por ese trabajo. Quisiéramos destacar que la mayoría de las operaciones que realizará más tarde se centrarán sobre el cerebro y sobre las células cancerosas.

El primer caso de envergadura al que tuvo que enfrentarse el Dr. Carson fue el de una niña de cuatro años, llamada Maranda Francisco que desde los dieciocho meses de edad sufría intensos ataques parecidos a los de la epilepsia. Afectaban el hemisferio derecho de su cerebro. Maranda perdía entonces la capacidad de hablar y ya no podía ni andar, ni comer, ni aprender. Sometida a una abundante medicación, tan solo escapaba de las convulsiones cuando dormía. Sus padres habían consultado a numerosos especialistas, pero fue en vano. Para algunos, solo una intervención quirúrgica ofrecería la posibilidad de salvar a Maranda. Para los demás, era imposible operarla y estaba condenada a morir. Como último recurso, el equipo médico del Hospital John Hopkins decidió intentar con la niña una hemisferectomía, lo cual conllevaba unos enormes riesgos: parálisis permanente, afasia y muerte. Confiaron esta delicada y peligrosa operación al Dr. Benjamin S. Carson. Estamos en agosto de 1985. «Iba a practicar en Maranda, escribía el doctor, mi primera hemisferectomía[3]». Rodeado de un equipo médico competente y muy motivado, extrajo el lado izquierdo del cerebro de Maranda. La operación duró veinte horas debido a que la joven paciente había perdido mucha sangre. De hecho, tuvieron que recurrir a la Cruz Roja. Maranda ya era capaz de hablar y de andar. La desaparición de los ataques de Maranda no hacían más que confirmar el gran éxito de la intervención quirúrgica. ¿Qué explicación podía darse a semejante fenómeno teniendo en cuenta que la niña acababa de perder el hemisferio izquierdo de su cerebro? En su autobiografía, el Dr. Carson nos ofrece las siguientes explicaciones: «En los niños menores de diez años, algunas células cerebrales tienen funciones indiferenciadas. Son capaces de sustituir a otras y de realizar las mismas funciones. Es lo que se conoce como plasticidad celular. Esto solo tiene lugar en niños pequeños. Es lo que ha debido de ocurrir a Maranda Francisco». En Estados Unidos, un gran número de medios de comunicación relataron esta milagrosa intervención médica. El periodista Don Colburn del *Washington Post* solicitó y consiguió una entrevista con el Dr. Ben Carson. Los medios televisivos también se movilizaron.

La segunda operación realizada por el Dr. Carson no era menos espectacular. Se trataba de la separación de dos hermanos siameses de origen alemán: Patrick y Benjamin Binder. Nacidos mediante cesárea en Alemania Occidental el 2 de febrero de 1987, pesaban juntos cuatro kilos y cuatrocientos gramos. Estaban unidos por el extremo cefálico.

---

3 Ibid., p.136.

No resulta difícil imaginar las dificultades prácticas a las que tuvieron que enfrentarse sus padres Theresa y Josef Binder para cuidar de ellos. Cuando Theresa habló por primera vez con el Dr. Carson, le confesó: «Siempre he acariciado un sueño que me mantenía viva: el de encontrar algún día unos médicos capaces de realizar un milagro[4]». En mayo de 1987, se envió un equipo a Alemania para evaluar hasta qué punto la operación era factible. Y el 5 de septiembre del mismo año, con la asistencia de un grupo multidisciplinar (anestesistas, neurólogos, cardiólogos, pediatras...), el Dr. Carson consiguió separar con éxito los siameses. La intervención duró veintidós horas y requirió la movilización de unos veinte miembros del personal del hospital Johns Hopkins. A partir de entonces, Patrick y Benjamin iban a poder vivir sus vidas individualmente. Que nosotros sepamos, los anales médicos han registrado, a escala mundial, muy pocas proezas similares a las del Dr. Carson. Tras enterarse del acontecimiento histórico que supuso esta operación quirúrgica, los periodistas se precipitaron al Hospital Johns Hopkins con un entusiasmo desbordante. En 1997, el Dr. Carson operó, en Sudáfrica, a otros dos gemelos que presentaban más o menos las mismas singularidades que Patrick y Benjamin Binder. En el marco de sus actividades profesionales, cabría añadir la publicación de artículos científicos. En cuanto a las muestras de reconocimiento hacia el Dr. Carson, estas son infinitas.

En 1988, la National Medical Fellowship le entregó un certificado de honor por sus grandes hazañas como cirujano. El mismo año, recibió el American Black Achievement Award. El Merehouse College le otorgó el título de doctor en Ciencias. Se creó una beca nacional de estudios en su nombre: The Carson Scholars Funds. Está destinada a alumnos y estudiantes meritorios que manifiestan un compromiso hacia su comunidad. En 2001, la

4 Ibid., p.193.

cadena de televisión CNN y el *Time Magazine* colocaron al Dr. Carson entre los veinte mejores médicos del mundo. El presidente George W. Bush lo nombró, en 2004, miembro del Consejo Nacional de Bioética. En 2008, recibió por parte del presidente americano la Medalla de la Libertad. En 2009 hubo incluso un proyecto de telefilm llamado *Gifted Hands: The Ben Carson Story*. El talentoso actor Cuba Gooding Jr. interpretaría al Dr. Carson, Kimberley Elise a su madre y Aunjanue Ellis a su esposa.

FARMACOLOGÍA

ARNOLD HAMILTON MALONEY

(1888-1955)

Uno de los rasgos más destacados de la personalidad de Arnold Hamilton Maloney radicaba en su curiosidad intelectual y en su polivalencia. Nacido en 1888 en Trinidad, estado vecino de Venezuela, aprobó su bachillerato en Ciencias en el colegio Naparima de su país natal. A continuación, se trasladó a Estados Unidos en 1909 y estudió en la Universidad de Columbia donde obtuvo un máster en Ciencias en 1910. Unos dos años más tarde, se tituló en Teología en el General Theological Seminary de Nueva York. En 1929, la Universidad de Indiana le concedió el título de doctor en Medicina y, en 1931, obtuvo su doctorado en Farmacología en la Universidad de Wisconsin. Fue el primer Negro en enseñar esta asignatura en Estados Unidos y el segundo en sumar los dos títulos universitarios mencionados anteriormente. Pasó de la cátedra de Farmacología en la Universidad Howard a dirigir el departamento de esa misma ciencia. También trabajó como consultor en esa disciplina para el Hospital Freedmen.

En paralelo a sus actividades, el Dr. Arnold H. Maloney llevó a cabo una serie de investigaciones en farmacología. Varios artículos suyos fueron publicados tanto en Estados Unidos como en Bélgica. Sus trabajos en farmacología se caracterizaban por su diversidad, pero iban especialmente enfocados a los antídotos. Maloney descubrió un antídoto contra las sobredosis de barbitúrico. Esta sustancia potencialmente mortal provoca en el paciente dificultades respiratorias, una depresión del sistema nervioso central y un estado comatoso. El Dr. Maloney constató que el empleo de picrotoxina erradicaba esos síntomas. Esta es su principal aportación a la ciencia.

Arnold H. Maloney aparece nombrado en diferentes obras: *American Men of Science*, *Dictionary of American Medical Biography*, *Journal of the National Medical Association*. Entre las organizaciones intelectuales a las que perteneció el Dr. Maloney, figuran la American Negro Academy, la American Academy of Political Sciences y la National Medical Association.

FÍSICA

GEORGES NICOLO

(1923-1993)

Aunque la Tierra tienda a convertirse cada vez más en «una aldea global», según las palabras del universitario canadiense Marshall Mcluhan, permanecer unido a su lugar de origen nos parece algo digno de admiración. Tal fue el caso del físico Georges Nicolo. Nacido en 1923 en Le Gosier (archipiélago de Guadalupe), lugar que siempre permaneció en su memoria, Georges Nicolo fue un excelente estudiante del liceo Carnot en Pointe-à-Pitre. En 1963, se tituló en la Universidad de París donde defendió con gran éxito su tesis de doctorado en Ciencias: «La bomba de diodos: su aplicación en el recuento de partículas nucleares y en la detección de excursiones rápidas de potencia de una pila atómica». Georges Nicolo publicó en 1963 en la editorial Eyrolles una obra titulada *L'électronique dans les appareils de contrôle nucléaire* (La electrónica en los aparatos de control nuclear).

Trabajó para la empresa francesa Thomson-Houston y entró más tarde a formar parte del Comisariado de la Energía Atómica (CEA). Las investigaciones de Nicolo abarcaron al mismo tiempo los ámbitos de la física nuclear y de las telecomunicaciones. Creó un «bloque multicanal» que permite que un único aparato de televisión reciba varias emisiones. También inventó un dispositivo de control de la reactividad de las pilas atómicas en régimen subcrítico.

Unos meses antes de su fallecimiento, en abril de 1993, el International Bibliographical Centre de Cambridge (Inglaterra) le entregó un certificado de distinción. En junio de 2006, la Mediateca de Le Gosier pasó a llamarse Mediateca Raoul Nicolo de Le Gosier en memoria del científico guadalupeño.

GEORGES NICOLO

GEORGE EDWARD ALCORN

(1940-)

No es nada raro que los miembros de una misma familia sigan la misma carrera profesional. En Francia, los hermanos Auguste y Louis Lumière inventaron el cinematógrafo. Los hermanos Emile y Ignace Nau, escritores haitianos, compartían la misma pasión por la literatura. Y en cuanto a George y Charles Alcorn, los dos siguieron una carrera científica. Eran físicos y ambos trabajaron para IBM.

George E. Alcorn nació el 22 de marzo de 1940 en Indianapolis (Estados Unidos) en el seno de una familia humilde. En 1967 obtuvo su doctorado en Física Atómica en la Howard University de Washington D.C. Durante el verano de 1962-1963, lo contrataron en la Space Division of North America Rockwell. Durante los años 1965 y 1966 consiguió una ayuda financiera de la NASA para sus investigaciones sobre iones negativos. En paralelo a su labor investigadora, George E. Alcorn daba clases de Microelectrónica en la Universidad del Distrito de Columbia. En 1978 dejó IBM para ponerse al servicio de la NASA donde tuvo la oportunidad de destacar ampliamente. Inventó, en efecto, un espectrómetro de imágenes de rayos X que le valió la obtención de una patente[1]. Asimismo, George E. Alcorn elaboró un método de fabricación de espectrómetros de imágenes de rayos x[2]. Consiguió numerosas patentes de invención, pero también mostró una cierta preocupación social al colaborar con la Meyerhoff Foundation, una organización que anima y apoya a los

1 Número de patente: 4.472.728, 18 de septiembre de 1984.

afroamericanos en sus estudios en ciencias y en ingeniería.

George E. Alcorn recibió varias distinciones por su trabajo. La empresa IBM le entregó el premio First Plateau Cash for Invention. La NASA y el Goddard Space Flight Center (GSFC) le otorgaron el título de inventor del año 1984.

SHIRLEY A. JACKSON

(1946-)

Al igual que Marie Curie, mujer de ciencias francesa de origen polaco, Shirley Ann Jackson eligió especializarse en física, una disciplina a la que muy pocas mujeres[1] tienen acceso en numerosos países. Nacida el 5 de agosto de 1946, en Washington D.C., Shirley A. Jackson terminó con excelentes resultados sus estudios en el instituto Roosevelt High School en 1964. Tras conseguir una beca de la Martin Marietta Aircraft Company y del Prince Hall Mason, entró en el famoso MIT (Massachusetts Institute of Technology, en Boston) donde se graduó en 1968 con un *Bachelor's degree* en Ciencias. Tenía un especial interés por dos asignaturas: la física teórica y las matemáticas. Gracias a las excelentes notas de su expediente académico, consiguió obtener tres becas de tres instituciones diferentes: la National Science Foundation, la Ford Foundation y la Martin Marietta Aircraft Company.

Shirley A. Jackson

1 Léase el contundente artículo de Ingrid Carlander, «Le sexe des sciences», *Le Monde diplomatique*, junio de 1997, p.18-19.

Esto le permitió emprender unos estudios avanzados con vistas a la obtención del doctorado que le otorgaron en 1973 a la edad de veintiséis años. Se convirtió así en la primera mujer negra de Estados Unidos en poseer este título universitario en Física.

Shirley A. Jackson tiene una muy amplia experiencia como investigadora en física teórica. De 1973 a 1974, trabajó en el Fermi National Accelerator Laboratory en Betavia (Illinois).

De 1974 a 1975, fue conferenciante en el Centro Europeo de Investigación Nuclear (CERN) en Ginebra (Suiza). En 1976, entró en los AT&T Bell Laboratories (Murray Hill, Nueva Jersey). Allí estudió los gases, los sólidos, los semiconductores y la física teórica de las partículas y de la materia. La principal contribución de la Dra. Shirley A. Jackson se resume a su intención de explicar mejor el movimiento de los electrones en la superficie del helio líquido y las propiedades electrónicas de los semiconductores. Sobre estos temas publicó, en solitario o en colaboración con otros investigadores, más de un centenar de artículos.

Una de las marcas de distinción de las que fue objeto Shirley A. Jackson fue su nombramiento como miembro perpétuo del Consejo de Administración del Instituto de Tecnología de Massachusetts (Board of Trustee of the Massachusetts Institute of Technology). Más recientemente, le asignaron la función de presidenta de la United States Nuclear Regulatory Commission encargada de velar por la salud pública y el medio ambiente mediante el control de la utilización de la tecnología nuclear en Estados Unidos. Entre los carteles que representan a algunos científicos negros de alto rango, preparados y distribuidos en todos los Estados Unidos por la CIBA-GEIBY Corporation, se encuentra el de la Dra. Shirley A. Jackson. En 1990, el gobernador James Florio le entregó el premio Thomas Alva Edison Science por su contribución a la física y a la promoción de la ciencia. Desde 1992, Shirley A. Jackson continúa con sus investigaciones en la Universidad de Rutgers (Nueva Jersey).

PSICOLOGÍA

Patricia S. Cowings

PATRICIA S. COWINGS

(1948-)

Para llevar a cabo sus proyectos de desarrollo de vuelos espaciales, la NASA ha tenido que enfrentarse en numerosas ocasiones a dificultades técnicas, pero también a problemas de orden psicológico relativos al comportamiento humano en el espacio. Fue precisamente en este último ámbito donde la psicóloga Patricia S. Cowings contribuyó al avance de la ciencia.

Nacida el 15 de diciembre de 1948 en la ciudad de Nueva York, creció y cursó sus estudios de primaria y de secundaria en el Bronx. En 1973, obtuvo un doctorado en Psicología en la Universidad de California en Davis. Poco después, estudió y trabajó como investigadora en la Universidad Rockefeller en colaboración con el Dr. Neal E. Miller que había creado un nuevo campo de investigación científica: el *biofeedback*. El *biofeedback* (o biorretroalimentación) se parece a una técnica de conducta que busca provocar el autocontrol en el sujeto gracias al condicionamiento de algunas funciones psicológicas involuntarias o controladas por el sistema neurovegetativo. Patricia S. Cowings se centró especialmente en los problemas que las condiciones de ingravidez pueden plantear al cuerpo humano. Estudió la cuestión de los síndromes provocados por la microgravedad. Tras publicar numerosos artículos, a menudo en colaboración con su marido William B. Toscano, Patricia S. Cowings desarrolló un método llamado «The Autogenic Feedback System 2 (AFS-2)». Este ayudó a los astronautas a entrenarse y a reconocer ciertos síntomas y neutralizarlos. Es evidente que dicha contribución de la Dra. Patricia S. Cowings permite estancias más largas de humanos en el espacio. He aquí algunos de los principales títulos de artículos científicos que ha publicado: «A preventive method for Zero Gravity Sickness Syndrome», «The Stability of Individual Patterns of Autonomic Responses to Motion Sickness Stimulation» y «The Effects of Autogenic Feedback Training on Emergency Flight Performance». Patricia S. Cowings dirige actualmente el laboratorio de investigación en psicofisiología del Ames Research Center de la NASA (Moffett Field, California).

La reputación de la Dra. Patricia S. Cowings ha traspasado las fronteras de Estados Unidos ya que participó en Moscú a un coloquio rusoamericano sobre los problemas biomédicos de la tripulación de un vuelo espacial. En Australia y en Japón, la televisión la presentó como una figura importante del mundo de la investigación espacial. En Estados Unidos, la cadena de televisión PBS divulgó en sus programas *Discover* y *Black Stars in Orbit* la mayoría de sus investigaciones sobre enfermedades relacionadas con el movimiento en el espacio. En la película *Space for Women* producida por la NASA, le conceden un espacio muy merecido. Estas muestras de reconocimiento vienen acompañadas de numerosos premios. En 1985, la Dra. Patricia S. Cowings recibe el Ames Honors Award for Excellence en la categoría de científicos. La National Coalition of 100 Black Women le entregó en 1989 el Candace Award for Science and Technology. Asimismo, en 1990, obtuvo un premio de la Biofeedback Society of California por la originalidad de sus trabajos. La Dra. Patricia S. Cowings forma parte de numerosas organizaciones científicas: la Society for Psychophysiological Research, la American Association for the Advancement of Science, la Association for Applied Psychophysiology and Biofeedback of California y la New York Academy of Sciences.

CIENCIAS SOCIALES

WILLIAM EDWARD BURGHARDT DU BOIS

(1868-1963)

W.E.B. Du Bois forma parte de las pocas personalidades del mundo cuyas actividades intelectuales, políticas y profesionales son de una increíble riqueza. Fue cofundador del «Niagara Movement» que luchaba por los derechos civiles y políticos de los afroamericanos y también contribuyó a la creación de la NAACP y de su publicación, *The Crisis*, de la que fue el redactor jefe. En 1961, se afilió al Partido Comunista americano. El historiador guadalupeño Oruno D. Lara[1] ve en él a uno de los iniciadores del panafricanismo, una doctrina que preconiza la unidad y la solidaridad africanas. Antes de proseguir con la evocación de sus logros, estableceremos algunos rasgos de su biografía.

Nacido como hijo único el 23 de febrero de 1868, en Great Barrington (Massachusetts), W.E.B. Du Bois vivió solo, desde muy joven, con su madre en aquella pequeña ciudad, ya que su padre había abandonado a la familia. Tras acabar sus estudios de secundaria con unos resultados excelentes, ingresó en la Universidad Fisk de Nashville en Tennessee. Gracias a la obtención de una beca, logró ser admitido en la Universidad de Harvard. Siendo plenamente consciente del problema racial de su país, presentó en 1891 una tesina titulada «The suppression of the African Slavery Trade from Africa in the United States». Al cabo de un año, otra beca le permitió seguir estudiando en la

1 Véase su libro muy documentado, *La naissance du panafricanisme, Les racines caraïbes américaines et africaines du mouvement au XIXe siècle*, Paris, Éd. Maisonneuve et Larose, 2000.

Universidad de Berlín (Alemania) donde tuvo la oportunidad de formarse en contacto con los partidarios de la Escuela Científica y de asistir a las conferencias de Max Weber al que invitaría mucho más tarde a la Universidad de Atlanta. Du Bois permaneció dos años en Alemania y viajó por toda Europa: estuvo en Suiza, Polonia, Italia, Francia y Hungría. De regreso a Estados Unidos, trabajó como docente en el Wilberforce College. En 1895, defendió su tesis de doctorado en la Universidad de Harvard que la publicó el año siguiente bajo el título *The Suppression of the African Slave Trade to the United States of America*, 1638-1870. Du Bois tuvo una magnífica carrera universitaria. De 1897 a 1910 enseñó economía e historia en la Universidad de Atlanta. De 1934 a 1944, se convirtió en jefe del Departamento de Sociología de esa misma institución. Su carrera profesional y sus inquietudes de militante político nunca perjudicaron su creatividad. Du Bois publicó numerosos artículos y varias obras entre los cuales podemos citar: *The Negro* (1915), *The Study of the Negro Problem* (1897), *Black Folk, Then and Now* (1939) y *John Brown* (1909). El historiador y el sociólogo Du Bois son los que más han llamado nuestra atención. Du Bois fue, junto a Carter G. Woodson[2] y Arthur A. Schumburg (1877-1938), uno de los principales pioneros de la historiografía afroamericana. Su libro *The Suppression of the African Slave Trade to the United States of America*, derivado de su tesis doctoral, constituye el primer volumen de la colección «Harvard Historical Studies». Esta obra fue aclamada por Vernon Loggings que la describió como «el mayor trabajo intelectual que un Negro americano haya logrado hasta ahora[3]».

Du Bois, efectivamente, estudia la evolución del sistema esclavista, desde la trata de Negros hasta la abolición de la

---

2 Carter Godwin Woodson (1875-1950) fue el instigador de lo que se conoce hoy en día en América del Norte como el Mes de la Historia de los Negros (febrero). En 1926, instauró la Negro History Week que se convirtió en los años 60 en el Black History Month durante el cual se destacan los logros de los Negros en diferentes ámbitos.

3 Citado por Oruno D. Lara, « Les racines de l'historiographie afro-américaine » en *Présence Africaine*, n° 89, 1974, p.51.

esclavitud. Según él, «la historia de la esclavitud y de la trata debe leerse a la luz de la Revolución Industrial[4]». Entre su tesis y su libro *Black Reconstruction in America* (1935), la perspectiva se ha ampliado notablemente. *Black Reconstruction in America* plantea la cuestión de la esclavitud de los Negros americanos en el contexto más global de la explotación por parte de Occidente de los pueblos negros de todo el mundo. Pero según Magali Bessone, la obra que «marcó la entrada de Du Bois en el panteón de los líderes Negros del siglo XX[5]» fue *The Souls of Black Folk* (Las almas del pueblo negro). Este libro, publicado por primera vez en 1903 en Chicago, obtuvo un éxito considerable. Es un ensayo de lo más variado que se compone de análisis históricos, sociológicos y antropológicos y de relatos biográficos y autobiográficos. Se reeditó seis veces en 1905 y ha sido publicado ciento diecinueve veces hasta 2003, fecha del centenario de su primera edición. La mayoría de los capítulos se centran en examinar las condiciones de vida miserables de los Negros americanos desde la abolición de la esclavitud hasta el principio del siglo XX. Para explicar esta situación, Du Bois acusa al período esclavista y denuncia a su vez el desistimiento o la despreocupación de los poderes públicos frente a sus responsabilidades hacia esos nuevos libertos para los cuales se creó una oficina especial. Esta oficina llamada Oficina de los Libertos traicionó sus promesas y los nuevos libertos abandonados a su suerte se vieron, por consiguiente, abocados a la explotación de un sistema económico que recordaba al de la esclavitud. Du Bois, contrariamente a Booker T. Washington, sostiene en su libro la idea de la necesidad para los Negros de ejercer sus derechos civiles y políticos. También defiende su reivindicación de una formación superior. Las múltiples dificultades a las que se enfrentan los Negros se ven agravadas por una segregación racial sistémica a la que se añade un aparato judicial y un servicio de policía concebidos para

4 op. cit., p.53

5 Magali Bessone, « Pluribus Unum » dans Les âmes du peuple noir, Paris, Éd.La Découverte, 2007, p.282.

oprimirlos. *Las almas del pueblo negro* aparece así como una mordaz acusación contra la injusticia y las desigualdades de las que son objeto los afroamericanos. Du Bois alude a la segregación mediante una metáfora: el velo. Esta imagen cumple una doble función: la de separar y esconder al mismo tiempo. Otra noción que también le resulta muy familiar es la de «la doble conciencia», una importante característica del oprimido. Así es como Du Bois nos la describe: «Cada Negro americano debe vivir una doble vida, como Negro y como americano, arrastrado por la corriente del siglo XIX, pero enfrentándose todavía a las turbulencias del siglo XV —irremediablemente, la confianza que tenga en si mismo termina por quedar moralmente quebrantada; no puede emanar de ello más que una conciencia de uno mismo dolorosa y un sentido casi mórbido de la propia identidad[6]». Finalmente, quisiéramos señalar que la noción de «doble conciencia» remite al propio título de su libro, *Las almas del pueblo negro*.

Su período de profesor asistente en la Universidad de Pensilvania permitió a Du Bois, gracias a una ayuda económica, llevar a cabo una investigación sociológica sobre la situación de los Negros en el sur de Estados Unidos, víctimas de una segregación feroz que hacía estragos.

Ese trabajo condujo a la publicación de *The Philadelphia Negro* (1899) en la que el autor establece una correlación entre la criminalidad y las condiciones sociales. Esta hipótesis sigue siendo válida hoy en día y puede constatarse en otras sociedades, de allí su carácter universal.

La contribución de Du Bois no se limitó a sus actividades intelectuales. Se le debe el mérito de crear, en colaboración con otras personalidades, el primer instituto afroamericano de artes, de letras y de ciencias: The American Negro Academy. Su participación en los diferentes Congresos Panafricanos que se celebraron en París, en Londres, en Nueva York y en Manchester fue de un

6 W.E.B. Du Bois, *Les âmes du peuple noir*, Paris, Éd. La Découverte, 2007, p.192.

inestimable valor. Para resumir el pensamiento y la aportación de Du Bois, Magali Bessone escribió: «Establece la conciencia y la voz de un "pueblo negro" que también es un pueblo americano, milita a favor de un cierto nacionalismo negro, pero en contra de la segregación, y actúa en defensa de las diferentes "razas", pero para llevarlas a fundirse en una única cultura de la humanidad[7]».

Kwame Anthony Appiah y Henry Louis Gates Jr., directores de la publicación de la enciclopedia *Africana*[8] editada en 1999 en Nueva York, dedicaron este enorme trabajo a la memoria de Du Bois por su «monumental contribución» (p. XVI). Este merecido homenaje sucede a muchos otros. En 1959, Du Bois recibió el Premio Lenin.

La Universidad de Praga le otorgó en 1958 el título honorífico de doctor. En 1994, la Universidad de Massachusetts cedió su nombre a su biblioteca principal.

En 1992, el Servicio Postal de Estados Unidos puso en circulación un sello con su imagen. W.E.B. Du Bois falleció en 1963, en vísperas de la marcha en Washington por los derechos cívicos de los Negros. Al haberse naturalizado ghanés, se celebró en Ghana un funeral nacional en su honor.

---

7 Ibid., p.271.

8 Lamentamos que los autores de esta obra no hayan dedicado un mayor espacio a los inventores y científicos del mundo negro.

JEAN PRICE MARS
(1876-1969)

Jean Price Mars es sin duda el único científico haitiano que goza del reconocimiento de la intelectualidad haitiana por el conjunto de su obra. Le atribuyeron los títulos más ditirámbicos: el amparo de la República, un símbolo, el guía espiritual, el padre de la negritud, el padre del haitianismo... En este capítulo, intentaremos poner de relieve su contribución al pensamiento haitiano y universal en los ámbitos de la Etnología y de la Historia.

Jean Price Mars nació en la Grande Rivière du Nord el 15 de octubre de 1876, estudió en el colegio Grégoire de Cabo Haitiano y terminó sus estudios en 1895 en el liceo Pétion donde, más tarde, trabajaría como docente de Historia y Geografía hasta 1930. Médico de formación, tuvo una larga trayectoria profesional en política y diplomacia cuyas etapas no convendría trazar para el asunto que nos ocupa. No obstante, quisiéramos destacar que en 1930 Jean Price Mars fue elegido senador por el Departamento del Norte. En 1946 fue nombrado secretario de Estado de las Relaciones Exteriores y de Cultos y secretario de Estado de la Educación Nacional. Ocupó un escaño en las Naciones Unidas en 1949 como embajador. En noviembre de 1957, se convirtió en embajador de Haití en París. Finalmente, en numerosas ocasiones, fue designado como encargado de misiones especiales en diferentes capitales: Praga, Ginebra, París, Washington y La Habana. Con la participación de Jacques Roumain y de los doctores Louis Mars, Catts Pressoir y Camille Lhérisson, fundó en 1941 el Instituto de Etnología de Haití donde ocupó la cátedra de

Africología y de Sociología. En 1958, este Instituto se transformó en Facultad. Price Mars creó la Sociedad de Historia y de Geografía de Haití de la cual dirigió durante mucho tiempo la Revista, que llevaba su mismo nombre. Además de estas instituciones destinadas a la formación de los jóvenes y a la promoción de la investigación científica, también le debemos una obra imponente sobre todo por la variedad de las disciplinas abordadas: historia, antropología, pedagogía, literatura, sociología, geografía y etnología. Entre sus principales publicaciones se encuentran *La vocation de l'élite* (La vocación de la élite, 1919), *Ainsi parla l'oncle* (Así habló el tío, 1928), *Une étape de l'évolution haïtienne* (Una etapa de la evolución haitiana, 1929), *Formation ethnique, Folklore et Culture du peuple haïtien* (Formación étnica, Folclore y Cultura del pueblo Haitiano, 1929), y *La République d'Haïti et la République Dominicaine* (La República de Haití y la República Dominicana, 1953). A esta bibliografía que hemos querido limitar, cabría añadir los artículos publicados en las revistas tanto nacionales como extranjeras. Pero *Así habló el tío* constituye sin duda alguna su obra más importante, traducida a varios idiomas. Este ensayo se compone en gran medida de conferencias pronunciadas durante el período de la ocupación americana (1915-1934). Ya en el propio prólogo el autor deja claras sus intenciones: «Todo el contenido de este libro no es más que un intento de integrar el pensamiento popular haitiano en la disciplina de la etnografía tradicional[1]». Este proyecto, muy logrado por cierto, se inscribía dentro de un contexto histórico determinado: la ocupación de Haití por los americanos. Esta ocupación se topó con dos formas de resistencia: la de las armas, encarnada por Charlemagne Péralte y Benoît Batraville, y la del pensamiento representada principalmente por Georges Sylvain y las revistas que se crearon durante ese período: *La Nouvelle Ronde* (1925) y *La Revue Indigène* (1927). La ocupación americana marcó profundamente las mentes y fue

---

1 Jean Price Mars, Ainsi parla l'oncle, Montréal, Éd. Leméac, 1973, p.43.

una catástrofe para la sociedad haitiana a la que la población ocupante relegaba al desprecio con aires de superioridad. Ante el desamparo del pueblo haitiano, Jean Price Mars se esforzó en buscar las causas fundamentales de ese sentimiento. En *Así habló el tío*, plantea, de entrada, el grave problema de esa alienación que califica de bovarismo «colectivo», un concepto difundido por el filósofo Jules de Gaultier e inspirado por la novela de Gustave Flaubert, *Madame Bovary* (1857). Este concepto se define, según Gaultier, «como el poder que tiene el hombre de concebirse como otra persona que no es». En otras palabras, es «esa tendencia que tienen algunos, como escribía André Gide, a superponer una vida imaginaria a su propia vida». Permítannos, para ilustrar mejor nuestras palabras, citar en mayor o menor medida a Jean Price Mars: «Pero, por una lógica aplastante, a medida que nos esforzamos en creer que somos franceses "de color", desaprendíamos a ser simplemente haitianos, es decir hombres nacidos en unas determinadas condiciones históricas, que han cultivado en su alma, como todos los demás grupos humanos, un complejo psicológico que otorga a la comunidad haitiana su particular fisionomía. Desde ese momento, todo lo que es auténticamente indígena —lenguaje, costumbres, sentimientos, creencias— se vuelve sospechoso, tachado de mal gusto para unas élites que viven en la nostalgia de la patria perdida[2]». Price Mars se propone así establecer la identidad nacional haitiana mediante consideraciones históricas, sociológicas y etnográficas. Decide ampararse en la historia de Haití y en las antiguas civilizaciones africanas las cuales exalta y que, a su parecer, deberían haber sido motivo suficiente de orgullo para el negro haitiano. Uno de los incontestables méritos del Dr. Price Mars como etnólogo aparece destacado en un artículo escrito por Mesmin Gabriel, «Une théorie de la culture haïtienne» (Una teoría de la cultura haitiana): «Si bien es cierto que algunos eminentes compatriotas, por la naturaleza misma de los

2 2Ibid., p.44-45.

temas que trataban, se han visto llevados a tener en consideración la herencia africana de nuestras costumbres y de nuestra mentalidad, el Dr. Jean Price Mars ha sido el primero en plantear *sistemáticamente*[3] la existencia de una cultura haitiana[4]». Según Roger Bastide, «El Dr. Jean Price Mars fue así el primero en abrir el camino a la teoría moderna de la normalidad cultural o sociológica de la posesión y ello porque precisamente, para juzgarla y analizarla, se negó a encerrarse en los prejuicios de una clase y a aceptar el punto de vista parcial de la élite[5]». «Y precisamente es gracias a esa amplitud de miras, prosigue Roger Bastide, que nuestro científico consiguió acabar con un cierto número de falsas teorías y abrir nuevas vías hacia el africanismo[6]». Desde la publicación de *Así habló el tío*, numerosos escritores, artistas y científicos han seguido los consejos del maestro sacando de su propio entorno el material para sus obras.

Además de etnólogo, Jean Price Mars también fue un gran historiador que se interesaba a la vez por las nuevas situaciones surgidas del traslado de civilizaciones africanas a Haití y por las relaciones de este país con las repúblicas vecinas: la República Dominicana, Estados Unidos y Cuba.

Entre sus obras históricas podemos destacar *La República de Haití y la República Dominicana* (1953) traducida al español. Apoyándose en una nutrida documentación, el Dr. Jean Price Mars ofrece una nueva visión sobre la historia de las relaciones haitiano-dominicanas para el propio conocimiento de los historiadores del estado vecino. Por ejemplo, despertó la atención sobre el importante papel que tuvo la diplomacia haitiana en la independencia de la República Dominicana. En 1871, el gobierno haitiano consiguió frustrar, por vía diplomática, un plan de anexión de la República Dominicana por parte de Estados Unidos con el fin de evitar el «mayor

3 Destacado por el autor.

4 *Témoignages sur la vie et l'œuvre du Dr. Jean Price Mars*, Port-au-Prince, Imprimerie de l'État, 1956, p.188.

5 Ibid., p.200.

6 Ibid., p.199.

peligro al que [la patria haitiana] pudiera exponerse, declaró Price Mars, tras las guerras de independencia[7]». En cuanto a la cuestión de la ocupación de la República Dominicana por Haití, Price Mars demostró que este acontecimiento se produjo a petición de los propios dominicanos: se enviaron en 1821 una serie de peticiones al presidente haitiano Jean-Pierre Boyer, para fusionar las dos Repúblicas. Price Mars va aún más lejos en su estudio al indicar que la unificación de los dos países no dejaría de ser algo utópico ya que sus sistemas culturales difieren e incluso se oponen. La originalidad de Price Mars también reside en su enfoque metodológico: pone los recursos de la etnología al servicio del análisis histórico en su estudio de las relaciones haitiano-dominicanas.

La calidad excepcional de sus trabajos y la profundidad de su pensamiento le valieron al Dr. Jean Price Mars un renombre y un reconocimiento prodigiosos. En 1956, en su octogésimo cumpleaños, unos admiradores haitianos y extranjeros le honraron al dedicar un libro a su vida. «En 1959, observa Victoria Gairin, la Academia Francesa entregó a Price Mars una condecoración especial que premia el conjunto de su obra por todo lo que aporta al estudio de África en Francia[8]». Fue nombrado doctor *honoris causa* de la Universidad de Dakar y miembro de la Academia de Ciencias de Ultramar (París). En 1966, obtuvo el premio literario del Caribe. Como presidente del primer Congreso Internacional de Escritores y Artistas Negros, celebrado en París en 1956, Price Mars recibió la medalla de comendador de la Legión de Honor. La Academia de las Ciencias Humanas y Sociales de Haití celebró solemnemente la fecha del centenario de su nacimiento, el 15 de octubre de 1976. Cuando falleció, el gobierno de François Duvalier organizó un funeral nacional en su nombre.

---

7 7Citado por Michel Fièvre, « Sur les pas d'Anténor Firmin – Le Docteur Jean Price Mars et la défense de notre communauté », en *Témoignages sur la vie et l'œuvre du Dr Jean Price Mars*, Port-au-Prince, Imprimerie de l'État, 1956, p.149.

8 8Victoria Gairin, « *Ainsi parla l'oncle de Jean Price Mars* » en *Le Point Hors-Série*, *La pensée noire, Les textes fondamentaux*, Avril-mai 2009, p.52.

WILLIAM ARTHUR LEWIS

(1915-1991)

Al igual que Derek Walcott[1], Premio Nobel de Literatura de 1992, William Arthur Lewis nació en Santa Lucía, antigua colonia inglesa de las Antillas Menores, situada no muy lejos de La Martinica y de Saint Vincent. Lewis, cuya familia tenía cinco hijos, perdió a su padre a la edad de siete años. Su padre y su madre, originarios de Antigua, eran maestros de escuela y habían decidido instalarse en Santa Lucía. En 1929, Lewis terminó sus estudios en el colegio Saint-Mary con catorce años. Siendo demasiado joven para ir a la universidad, trabajó como empleado subalterno del gobierno de entonces. Pero, ante todo, soñaba con ser ingeniero. Consciente de que las empresas no aceptarían nunca contratar a un ingeniero negro, optó por estudios de comercio. Al conseguir una beca, lo admitieron en 1933 en la London School of Economics (Inglaterra). En 1937, se graduó en Comercio con mención honorífica. Gracias a otra beca, pudo seguir estudiando Economía Industrial, lo cual le llevó a la obtención de un doctorado. En 1940, se tituló como doctor en Economía en la London School of Economics.

William A. Lewis tuvo una brillante carrera tanto de profesor como de economista. Dio clases en las universidades de Londres y Manchester, y también enseñó en la Universidad de Princeton (Estados Unidos) en 1968. Fue vicepresidente de la University of the West Indies y fundó el Caribbean Development Bank of Barbados del que fue

1 1Walcott escribió un texto sobre un hombre político haitiano: Henri Christophe: A Chronicle in Seven Scenes, Bridgetown (Barbados), Ed. Advocate Company, 1950.

presidente. Lewis también fue consejero económico para las Naciones Unidas con el primer ministro de Ghana, y prácticamente nunca interrumpió sus trabajos de investigación que abarcan tres campos principales: la historia del desarrollo económico del mundo, la economía industrial y los problemas económicos de los países subdesarrollados. Lewis forma parte de los primeros economistas que se oponen a la idea de que el crecimiento económico siempre es deseable y que consideran la economía mundial como un todo. En lo que se refiere a la economía de los países del Tercer Mundo, Lewis propone ideas de una originalidad sorprendente. Según él, el sistema económico de una nación reposa sobre una dualidad: por una parte, está el sector agrícola y por otra, el sector industrial. La principal forma de mejorar la balanza comercial y de garantizar el desarrollo del Tercer Mundo consiste en aumentar la productividad agrícola y en invertir los ahorros en la expansión del sector industrial. Evidentemente, la formación de la mano de obra es primordial. Según William A. Lewis, un país subdesarrollado puede aumentar sus ahorros del cuatro o cinco por ciento a más del quince por ciento en un lapsus de tiempo corto a partir de su renta nacional. Para él, el desarrollo del Tercer Mundo requiere una solución diferente de la del Plan Marshall, que se caracteriza por una inversión masiva de capital y de equipamiento en la Europa Occidental de postguerra. La visión de Lewis del desarrollo no solo toma en consideración el componente económico sino también el factor social. Finalmente, añadiremos que Lewis también mostró cierta preocupación por la situación de los Negros americanos cuyas condiciones de vida en general recuerdan a las de las poblaciones del Tercer Mundo. Escribió numerosas obras de las que hemos querido destacar algunos títulos: *Economic Survey 1919-1939* (1949), *Overhead Costs: Some Essays in Economic Analysis* (1950), *Theory of Economic Growth* (1955), *Education and Economic Development*

(1965), *Some Aspects of Economic Development* (1969) y *The Evolution for the International Economic Order* (1977).

La calidad de los trabajos de William A. Lewis le valieron un gran reconocimiento internacional. Por ejemplo, las universidades americanas de Columbia, Howard y Yale, y las universidades de Lagos, de Toronto y de West Indies le concedieron títulos honoríficos. Fue miembro honorífico de la London School of Economics y también miembro corresponsal de la Academia Británica (Inglaterra). A todas estas distinciones se añadió una de las más prestigiosas: el Premio Nobel de Economía, que Lewis compartió en 1979 con el americano Theodore Schultz por sus pioneras investigaciones en el ámbito del desarrollo económico en relación con los problemas que afectan a los países subdesarrollados. William A. Lewis falleció en Barbados en 1991.

David Blackwell

DAVID BLACKWELL

(1919-2010)

A veces ocurre que algunas mentes excepcionalmente bien dotadas despierten en la flor de la juventud. El matemático y físico francés Blaise Pascal inventó a la edad de dieciocho años una máquina aritmética. Karl Marx obtuvo su doctorado en Filosofía con veintitrés años. A la edad de veintidós años, David Blackwell tenía un doctorado en Matemáticas.

Nacido en 1919 en Centralia (Illinois), David Blackwell hizo realidad su sueño de dar clases en una escuela de enseñanza elemental. Sin embargo, el futuro le deparaba una carrera de profesor mucho más gratificante. Tras sus estudios de secundaria, entró en la Universidad de Illinois donde se graduó, se postgraduó y obtuvo su doctorado en 1938, 1939 y 1941 respectivamente. Un poco más tarde, conoció a John Von Newman, el famoso matemático húngaro que estableció las bases de la teoría de juegos de la que Blackwell se inspiraría más tarde. De 1942 a 1943 trabaja como docente en Baton Rouge. Al cabo de un año, se traslada al Clark College (Atlanta). De 1944 a 1954, David Blackwell ocupa una cátedra en la Universidad de Howard. En 1954, enseña estadística en la Universidad de California (Berkeley). Cabe destacar que durante el período de 1973 a 1975 Blackwell dirigió el University of California Study Center. Se jubiló en 1989. Blackwell tuvo pues una carrera universitaria extremadamente variada y satisfactoria.

Durante una entrevista[1], Donald J. Albers le preguntó si se consideraba un estadístico o un matemático. David

1 Donald J. Albers y G.L. Alexanderson, Birk Hauser, Boston, Basel, Stuttgart, 1985, p.23.

Blackwell contestó que no buscaba etiquetarse a si mismo ni etiquetar a los demás. Sin duda, podemos afirmar que en la persona de Blackwell el matemático y el estadístico se llevaban bien ya que estas dos disciplinas se solapan y se entrelazan tanto en su faceta de docente como en sus trabajos que abarcan diferentes ámbitos: teoría de las probabilidades, análisis de toma de decisiones en situaciones de conflicto, teoría de la información, teoría de juegos, teoría del duelo, etc. La aportación más importante de Blackwell a la estadística reside en su estudio, *Conditional Expectation and Unbiased Sequential Estimation.* Hoy en día, se conoce este trabajo con el nombre de «Rao-Blackwell Theorem». Su obra Theory of games and Statistical Decisions (1954), escrita en colaboración con Abe Girshick, tiene aplicaciones en topología. Además de la estrategia militar, otras ciencias como la economía o la contabilidad sacan provecho de las investigaciones de Blackwell. Durante una entrevista[2] concedida a Morris H. DeGroot, contó que su nombre había aparecido tres veces en el periódico de su escuela: *School Science and Mathematics.* ¿El motivo? Aportó soluciones a ciertos problemas de matemáticas. Blackwell disfrutó del mismo éxito en su carrera como investigador. En 1974, tuvo el honor de ser invitado como conferenciante por la Universidad de Cambridge (Inglaterra). Como miembro de la Academia Nacional de Ciencias de Estados Unidos, recibió varios títulos honoríficos de una serie de instituciones de renombre: las universidades del Estado de Michigan, de Howard, de Harvard y de Lesotho. En 1979, le entregaron el premio John Von Newman. Finalmente, el Committee of Presidents of Statistical Societies le entregó en 1986 el R.A. Fisher Award. Jubilado y plenamente satisfecho con su vida, David H. Blackwell había dedicado buena parte de su tiempo a un proyecto de teoría de la información.

2 «A Conversation with Blackwell», *Statistical Science*, California, Ed. Institute of Mathematical Statistics, vol. no 1, February 1986, p.42.

CHEIKH ANTA DIOP
(1923-1986)

Hay algunas personalidades cuya obra, por su singularidad, desconcierta, suscita controversia o indiferencia. A menudo, la propia historia se encarga de resarcirlos, tal y como ocurrió con Copérnico, Galileo, Stendhal o Van Gogh, por citar algunos de ellos. Mas cerca de nosotros en el tiempo, Cheikh Anta Diop tuvo más o menos el mismo destino. De hecho, tras su muerte, la mayoría de los comentaristas de sus trabajos le adjudicaron unos títulos de lo más elogiosos. Odile Tobner y Mongo Beti lo consideraron como «el fundador de una arqueología propiamente africana[1]1». Fabrice Hervieu Wane ve en él «el restaurador de la consciencia negra[2]». Elikia M'Bokolo lo califica como «el historiador más popular de África[3]». Al hablar de Cheikh Anta Diop, no debe pasarse por alto cierta información: adquirió una sólida formación multidisciplinaria y fue un activista político que dio un protagonismo clave a la historia recurriendo a su inmensa erudición y a sus conocimientos científicos. Nos interesaremos pues en la faceta de historiador de Cheikh Anta Diop.

Nació el 29 de diciembre de 1923, en Senegal, antigua colonia francesa que obtuvo la independencia en 1958. Tras terminar sus estudios de secundaria en Saint-Louis y en Dakar en 1945, se fue a París donde asistió a las clases de filosofía que impartía Gaston Bachelard. También estudió

---

1 Mongo Beti y Odile Tobner, *Dictionnaire de la négritude*, Paris, Ed. L'Harmattan, 1989, p.90

2 Fabrice H. Wane, «Cheikh Anta Diop, restaurateur de la conscience noire» en *Le Monde diplomatique*, enero de 1998, p. 24-25.

3 Citado por Philippe Leymarie, «Afrique» en *Le Monde diplomatique*, febrero de 1998, p.30.

física nuclear y química en el laboratorio del Colegio de Francia y en el Laboratorio Curie. A partir de 1956, Diop enseñó esas dos asignaturas en los liceos Voltaire y Claude Bernard de París. Su tesis sobre le origen negro del Antiguo Egipto fue rechazada en la Sorbona. En cambio, el 9 de enero de 1960, defendió con éxito su tesis doctoral de estado en Letras. Esta fue publicada por la editorial Présence Africaine bajo los siguientes títulos: *L'Afrique noire précoloniale (El África negra precolonial) y l'Unité culturelle de l'Afrique noire (La unidad cultural del África negra).* De vuelta a su país natal, Cheikh Anta Diop se dedicó a la enseñanza y a la investigación. En la Facultad de Letras de la Universidad de Dakar, ocupó la cátedra de Historia Antigua impartiendo clases al mismo tiempo en el IFAN (Instituto fundamental —antes francés— del África negra) donde, de 1963 a 1966, creó, en colaboración técnica con el CNRS de Gif-sur-Yvette, el laboratorio de radiocarbono de Dakar. En el boletín del IFAN, publicó numerosos artículos científicos entre los que se encuentran: «La pigmentación de los antiguos egipcios. Test por melamina» nº3, 1973; «La metalurgia del hierro bajo el Antiguo Imperio Egipcio», serie B, nº30, 1968; «A propósito de la cronología», números 3-4, 1967; «Historia primitiva de la humanidad: evolución del mundo negro», números 3-4, 1962; «Centro de datación del IFAN. Datación mediante el método del radiocarbono», serie III, nº4, 1972. Quisiéramos recalcar que la mayoría de las obras de Diop han sido reeditadas y traducidas al inglés. Hemos querido destacar los siguientes títulos: *Nations nègres et culture* (1954), *Antériorité des civilisations nègres: mythe ou vérité historique?* (1967), *Parenté génétique de l'égyptien pharaonique et des langues négro-africaines* (1977), *Civilisation ou Barbarie* (1981), *Nouvelles recherches sur l'égyptien ancien et les langues négro-africaines modernes* (1988). El prefacio de esta obra póstuma está escrito por el profesor Théophile Obenga. Las primeras obras de C.A. Diop suscitaron unas reacciones muy vivas en los círculos intelectuales debido al ambiente ideológico muy particular en el que se inscribían, tal y como nos lo describe Fabrice H. Wane: «Los antropólogos y los historiadores africanistas, los egiptólogos tradicionalistas, la mayoría franceses y occidentales, parecen estar todavía llenos de terribles prejuicios: la inferioridad de la raza negra, el «prelogismo» de la mentalidad primitiva, la exclusión del mundo africano negro de la historia universal... » Cheikh Anta Diop no dudará en contradecir esas ideologías sólidamente establecidas mediante la exposición teórica de sus ideas, dentro de la propia universidad francesa. Lo hará, primero, con la presentación de su tesis, que será rechazada, y después con la publicación de *Nations nègres et culture* en 1954.

El libro resuena con gran estruendo en el ambiente tranquilo del *establishment* intelectual: el autor demuestra en él que el antiguo Egipto era negro-africano[4]». Anténor Firmin, que no figura en la bibliografía del libro de Diop, había dedicado en su obra *De l'égalité des races humaines* un capítulo a la cuestión del origen de los antiguos egipcios: «Egipto y la civilización» (p. 203-230). Su postura era la misma que la de Cheikh A. Diop cuya contribución a este tema es bastante considerable. Para poner aún más de relieve la aportación de C.A. Diop a la investigación histórica, Wane precisó: «También hubo que esperar veinte años para que gran parte de sus teorías se vieran confirmadas, tras un coloquio internacional celebrado en el Cairo en 1974, organizado bajo los auspicios de la Unesco y que reunía a algunos de los más eminentes egiptólogos de todo el mundo. Y más de otros veinte años para que, tras su muerte, su obra se tomara en consideración. Hoy en día, ya no se discuten algunas ideas de Cheikh Anta Diop, principalmente la historicidad de las sociedades africanas, la anterioridad de África y la africanidad de Egipto[5]». Amadou

4 Fabrice Hervieu Wane, « Cheikh Anta Diop, restaurateur de la conscience noire » en *Le Monde diplomatique*, enero de 1998, p.24.

5 Ibid, p.25.

Mahtar M'Bow rindió un emotivo homenaje a Diop al declarar: «Como antiguo director general de la Unesco, también es para mí un placer poder destacar el papel que ha tenido Cheikh Anta Diop en la labor de esta organización y, en particular, en la puesta en marcha del proyecto de Historia General de África. Fue uno de los impulsores más entusiastas e inspirados de ese proyecto[6]». El nombre de Cheikh Anta Diop permanecerá «por siempre ligado al renacimiento de la historia de África. Sus trabajos permitieron sacar a la luz tramos enteros del pasado de África, permitiendo al mismo tiempo llenar graves lagunas en el conocimiento de la evolución general de la humanidad. Además, permitieron a los africanos acceder mejor a una parte importante de su memoria colectiva en la que pueden apreciar mejor los fundamentos de su identidad cultural[7]». Pathé Diagne, por su parte, se dejaba vencer por la indignación: «La hostilidad que lo envolvió [a Diop] fue tal que resulta sorprendente, por no decir indecente ver cómo en 1986, en el momento de su muerte, uno tras otro *Le Soleil* de Dakar, *Jeune Afrique*, France Inter o la Universidad, que no trataron con mucha consideración a este científico seguro de sí mismo, y otros medios más corteses, se ponen todos de acuerdo sobre la obra que deja tras de si y declaran al mundo que se trata de una contribución primordial y evidente[8]». Ferrán Iniesta, por otra parte, decía de Diop: «Sin embrago, es a él a quien las ciencias sociales deben la posibilidad de observar la realidad con ojos negros y en esta singularidad es donde se halla la universalidad de esa larga lucha llevada a cabo por el senegalés[9]».

6 Amadou Mahtar M'Bow, « Hommage à Cheikh Anta Diop » en *Présence Africaine*, nº 149/150, 1989, p.8-9.

7 Citado por Jean-Marc Éla, «Conscience historique et révolution africaine chez Anta Diop» en Présence Africaine, nº 149/150, p.162-163.

8 Pathé Diagne, Cheikh Anta Diop et l'Afrique dans l'histoire du monde, Paris, Ed. L'Harmattan, 1997, p. 8-9.

9 Ferrán Iniesta, L'univers africain Approche historique des cultures noires, Paris, Ed. L'Harmattan, 1995, p.15-16.

A las muestras de reconocimiento, sobre todo póstumas, hacia la obra de Cheikh Anta Diop se añade el informe hábilmente elaborado por el historiador y egiptólogo Jean Charles Gomez sobre el coloquio de Dakar (febrero-marzo 1996), titulado *L'oeuvre de Cheikh Anta Diop–La Renaissance de l'Afrique au seuil du troisième millénaire* (La obra de Cheikh Anta Diop–El Renacimiento de África en el umbral del tercer milenio). A pesar de la incomprensión a la que se enfrentaron los trabajos de Diop, nos parece justo evocar aquellos homenajes que quisieron rendirle en su momento. En 1966, compartió con W.E.B. Dubois el premio del Primer Festival de las artes negras que recompensan «al pensador que más habrá influenciado al mundo negro en el siglo XX[10]». En Estados Unidos, el 4 de abril de 1975, la African Heritage Studies Association le entregó una placa conmemorativa por su aportación a la conservación y al desarrollo del patrimonio de los pueblos negros en el mundo. En febrero de 1980, Cheikh Anta Diop recibió de la Universidad de Zaire (la actual República Democrática del Congo) la medalla a la investigación científica africana y el Gran Premio del Mérito Científico Africano. El 4 de abril de 1985 fue proclamado el *Dr. Cheikh Anta Diop Day* en Atlanta (Estados Unidos), donde había sido invitado y acogido por la Asociación Martin Luther King y el alcalde, Andrew Young, exembajador americano en las Naciones Unidas. La Universidad de Dakar se convirtió en la Universidad Cheikh Anta Diop.

10 Pathé Diagne, Cheikh Anta Diop et l'Afrique dans l'histoire du monde, Paris, Ed. L'Harmattan, 1997,p. 9.

TECNOLOGÍA

Norbert Rillieux

NORBERT RILLIEUX

(1806-1894)

Al leer las biografías de Norbert Rillieux, uno puede sentirse tentado de establecer comparaciones con el general Alexandre Dumas[1], padre del famoso novelista del mismo nombre. En efecto, los dos tenían un padre de nacionalidad francesa y una madre negra esclava que vivía en una plantación. Los dos nacieron fuera de Francia: Alexandre Dumas nació en Jérémie, ciudad costera de la actual República de Haití llamada Saint-Domingue bajo el dominio francés, y Norbert Rillieux nació en 1806 en Nueva Orleans, en Estados Unidos. Aquí termina el paralelismo entre los dos hombres ya que sus respectivas carreras los oponen diametralmente. Alexandre Dumas se dedica a la profesión de las armas y lucha victoriosamente por la Francia napoleónica. André Maurois dijo de él: «Un Dumas valía, por si solo, lo mismo que todo un escuadrón. Sus legendarias hazañas parecían inverosímiles, pero eran ciertas[2]». En 1906, en la plaza de Malesherbes, la ciudad de París erigió, en memoria del general Dumas, un monumento que tiraron de su pedestal durante la ocupación nazi en 1943 y que, hasta ahora, no ha vuelto a colocarse en su lugar. Dicho esto, Norbert Rillieux, por su parte, se interesó más bien por la ingeniería mecánica.

1 Mons. Willy Romélus fundó, en Latibolière, localidad situada no muy lejos de Jérémie, el colegio Alexandre Dumas.
El 30 de noviembre de 2002, se celebró una ceremonia oficial en la que las cenizas del novelista Alexandre Dumas padre fueron trasladadas al Panteón de París. El presidente Jacques Chirac declaró en aquella ocasión: «La República, hoy, no se limita a honrar al genio de Alexandre Dumas. También repara una injusticia que marcó a Dumas desde su infancia, como marcaba ya con hierro la piel de sus ances- tros». *Le monde*, 3 de diciembre de 2002, p.34.
El sábado 4 de abril de 2009, en la Plaza del Général-Catroux de París, se inauguró un monumento en homenaje al general Alexandre Dumas (1762-1806).

2 André Maurois, *Les trois Dumas*, París, Ed. Hachette, 1957, p.19.

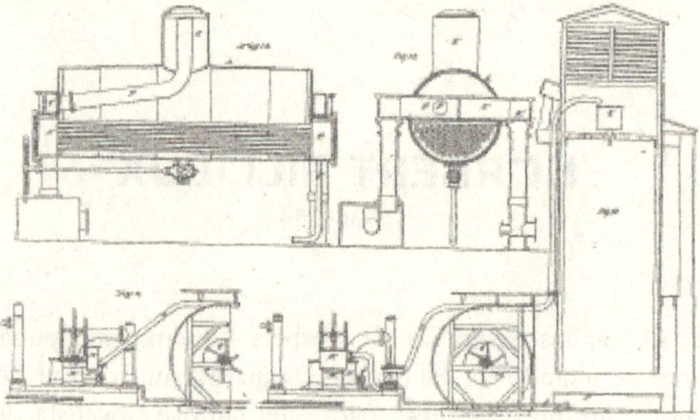

El evaporador de Norbert Rillieux

Debido a que en aquella época las posibilidades que tenía un Negro de acceder a la educación eran prácticamente nulas, el padre de Norbert Rillieux envió a su hijo a estudiar a Francia. Admitieron al joven Rillieux en la Escuela Central de París donde más tarde se convertiría en profesor de Mecánica Aplicada y en director de esa institución. Ya desde el año 1830, Rillieux comenzó a publicar artículos sobre las máquinas de vapor que tuvieron una buena acogida en los círculos científicos de Europa. Así desarrolló su teoría de la evaporación de efecto múltiple que constituía la base de su invento destinado a revolucionar la industria del azúcar en todo el mundo. Para poder apreciar mejor la aportación de Rillieux en este ámbito, recordemos primero algunos hechos. El azúcar obtenido a partir de la transformación del guarapo (jugo de la caña de azúcar) es el resultado de la aplicación de una técnica un poco primitiva llamada «Jamaica Train». Este método era bastante lento y costoso y la calidad del producto final mediocre. Hubo que encontrar una forma de refinar el azúcar y granularlo sin que perdiera su sabor. Apoyándose en el trabajo de otros dos científicos, Howard y De Grand, Norbert Rillieux consiguió crear un evaporador[3] que permitió producir azúcar

3 Número de patente*: 4, 879, 10 de diciembre de 1846.

de una excelente calidad. El empleo del invento de Rillieux por Theodore Packwood en su plantación (Myrtle Grove) tuvo un éxito inaudito. Varias manufacturas de Luisiana recurrieron a su evaporador. Hoy en día, el proceso de evaporación desarrollado por Rillieux se usa en las fábricas de leche condensada, de jabón, de gelatina, de pegamento fuerte, etc.

Los trabajos de Rillieux le habían asegurado un prodigioso reconocimiento en Luisiana. Pese a ello, la discriminación racial vino a entrabar su ascenso social, siendo que además lo describían como un hombre sincero, directo, sensible y apasionado por la justicia. También cabría añadir que en Nueva Orleans «una persona de color» no podía circular por las calles sin una autorización escrita. Negándose a someterse a esa infamante medida, Norbert Rillieux abandonó definitivamente el estado de Luisiana en 1854 y regresó a Francia. Se dedicó a la egiptología y al estudio de los jeroglíficos. Murió el 8 de octubre de 1894 y fue enterrado en París en el cementerio del Père Lachaise donde fueron inhumadas celebridades como la cantante Edith Piaf, el inventor belga de la primera dinamo industrial, Zénobe Gramme, o el compositor Frédéric Chopin, por citar algunos de ellos.

En nuestra opinión, Norbert Rillieux nunca recibió, en vida, muestra alguna de reconocimiento digna de mención por sus investigaciones. En cambio, J.G. McIntosh, en su libro *Technology of Sugar*, publicado en Londres en 1903, le dedica cinco páginas subrayando la importancia de la invención de Rillieux. Dos investigadores le rindieron homenaje. Charles A. Browne, un distinguido químico del Ministerio de Agricultura de Estados Unidos, escribió: «Siempre he sostenido que el invento de Rillieux es el más importante en la historia americana de la química industrial y no conozco ningún otro invento que haya sido igual de provechoso para todas las ramas de la

*Citado por Louis Harber en *Black Pioneers of Science and Invention*, Nueva York, Ed. Harcourt Brace Jovanovich Inc., 1970, p.25.

química industrial[4]». Según Alfred Webre, especialista en evaporación, «Un gran número de sus ideas nos permiten decir que Rillieux se adelantó unos cincuenta a setenta y cinco años a su tiempo[5]». En Holanda, bajo la influencia de un amplio movimiento deseoso de honrar la memoria de Norbert Rillieux, se fabricó en 1934 una placa de bronce con la imagen de su busto. Se encuentra actualmente expuesta en el museo del Estado de Luisiana y recuerda la contribución de Rillieux al desarrollo de la industria azucarera.

4 Ibid., p.33

5 Ibid., p.33

ELIJAH MCCOY

(1844-1929)

La vida de Elijah McCoy estuvo marcada por unas circunstancias un tanto extraordinarias. Para empezar, sus padres, que eran esclavos, tuvieron que huir de Estados Unidos y refugiarse en Canadá, concretamente en Ontario, donde se concentraba la mayor población de Negros libres. Su huida se vio facilitada por lo que se conoce como «el ferrocarril clandestino» (*Underground Railroad*). «El ferrocarril clandestino» designa una organización creada en los años 1780 por los antiesclavistas que pretendía ayudar a los esclavos negros americanos a escapar de su condición. Fue así como durante la estancia de sus padres en Canadá, Elijah McCoy nació en Colchester (Ontario) en 1844. Su familia volvió a Estados Unidos al final de la Guerra Civil y se instaló no muy lejos de Ypsilanti (Michigan). Tras unos estudios inacabados, se marchó a Edimburgo (Escocia) donde estudió mecánica. De regreso a Estados Unidos, frente a los prejuicios raciales que impedían a las empresas ofrecerle un puesto de trabajo acorde con su formación, McCoy se vio obligado a trabajar como bombero para el Michigan Central Railroad donde una de sus funciones consistía en engrasar máquinas. Para ello, McCoy debía parar los motores y proceder al engrasado de las diferentes partes móviles del tren: motor, ruedas, volante, etc. En aquella época, debía repetirse el mismo proceso para todos los demás tipos de máquinas existentes en lo referido a su lubricación. Fue en esa situación en la que Elijah McCoy inventó un aparato[1] capaz de lubricar las máquinas de vapor

1 Número de patente*: 129, 843, 2 de julio de 1872.
*Citado por Robert C. Hayden, «Black Americans in the field of Science and Invention», *Blacks in Science Ancient and Modern*, New Brunswick (U.S.A.) and London (U.K.) Ed. Ivan Van

en marcha. Se utilizó para engrasar los cilindros de motores de barco. McCoy nunca dejó de perfeccionar su invento que utilizaban numerosas factorías. También se preocupó por el problema de la lubricación de los motores de locomotora. McCoy poseía varias patentes de invención. Por desgracia, murió prácticamente en la indigencia.

Que nosotros sepamos, Elijah McCoy no obtuvo recompensa alguna por sus logros en el ámbito de la mecánica. Pero el hecho de que su nombre se utilice en el lenguaje cotidiano en la expresión «It is the real McCoy.», ¿Acaso no equivale a una gran distinción? Destaquemos, además, que esta frase inglesa evoca la idea de eficacia, de perfección. Muy pocos creadores pueden (a título póstumo o no) enorgullecerse de ver su nombre entrar a formar parte del lenguaje común respectivo o producir palabras derivadas. Entre ellos podemos citar a Nicolas Copérnico (copernicano, copernicana), Heinrich Hertz (hertziano, hertziana) e Isaac Newton (newtoniano, newtoniana).

Sertima, 1985, p.218.

Elijah McCoy

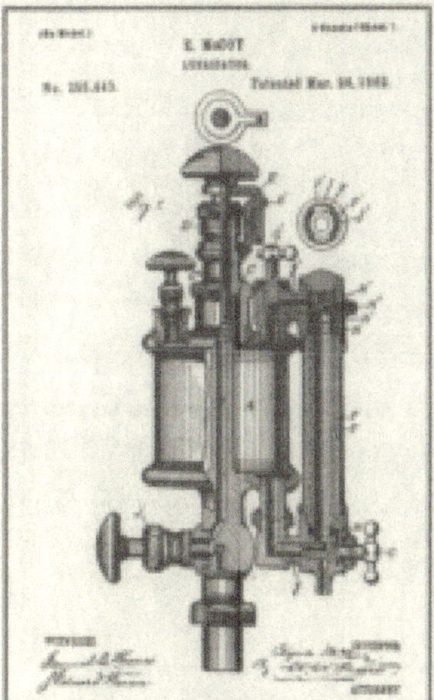

El engrasador de Elijah McCoy

JAN EARNST MATZELIGER

(1852-1889)

Por un motivo u otro, algunos científicos e inventores no tuvieron la suerte de estudiar en la universidad. Este fue el caso del francés Charles Cros, del alemán Johannes Gensfleish llamado Gutenberg y de Jan E. Matzeliger.

Nacido en 1852 en Paramaribo, Surinam, estado limítrofe con Brasil, Matzeliger emigró en 1876 a Estados Unidos donde recibió una formación escolar de lo más rudimentaria. Se instaló en Boston y, al cabo de un año, se fue a vivir a Lynn (Massachusetts). Permanecerá allí hasta el final de su vida que será muy breve. Matzeliger trabajó en una fábrica de zapatos llamada Harney Brothers. Allí tuvo la oportunidad de familiarizarse con algunas máquinas gracias a sus conocimientos en mecánica. Aprende el inglés, asiste a clase por la noche, lee mucho, en especial libros de física. En la época de Matzeliger, ya existían varias máquinas para fabricar las diferentes partes del zapato. Sin embrago, ninguna lograba unir el empeine con la suela. Esa tarea siguió haciéndose a mano durante años. Matzeliger se propuso mecanizarla. Tras varios intentos, consiguió construir una máquina capaz de ejecutar ese trabajo y que en inglés lleva el nombre de «shoe-lasting machine[1]» (máquina de montar empeines). Este invento muy eficiente contribuyó considerablemente al crecimiento de la producción de zapatos y, por consiguiente, condujo a una reducción de su precio. Matzeliger mejoró y perfeccionó su máquina que le valió otras tres patentes

1 Número de patente*: 459, 899, 22 de septiembre de 1891.
*Citado por Louis Harber en *Black Pioneers of Science and Invention*, New York, Ed. Harcourt Brace Jovanovich, 1970, p.45.

de la Oficina de Patentes de Estados Unidos. Sus trabajos revolucionaron la industria del calzado, pero le aportaron muy pocos beneficios materiales. Con la ayuda económica de Delnow y Nichols, fundó la Union Lasting Machine Company cuyo capital no era suficiente para garantizar su expansión. George W. Brown y Sidney W. Winslow se asociaron a ella y aquella sociedad a la que Matzeliger había vendido sus patentes adoptó el nombre de Consolidated Lasting Machine Company. Esta se desarrolló rápidamente y dio lugar a la United Shoe Machinery Corporation con Sidney W. Winslow a la cabeza como presidente. Esa nueva empresa gestionaba un capital de veinte millones de dólares en 1899. Esta cantidad ascendió a mil millones en 1955.

Matzeliger, que no gozaba de una salud muy fuerte, cogió la tuberculosis y no tuvo la oportunidad de disfrutar de los beneficios de su invento. Falleció en 1889 y fue enterrado en el cementerio de Pine Grove, en la ciudad de Lynn. Su retrato está expuesto en la sacristía de la North Congregational Church que, por vía testamentaria, se había adueñado de parte de la herencia del notable inventor.

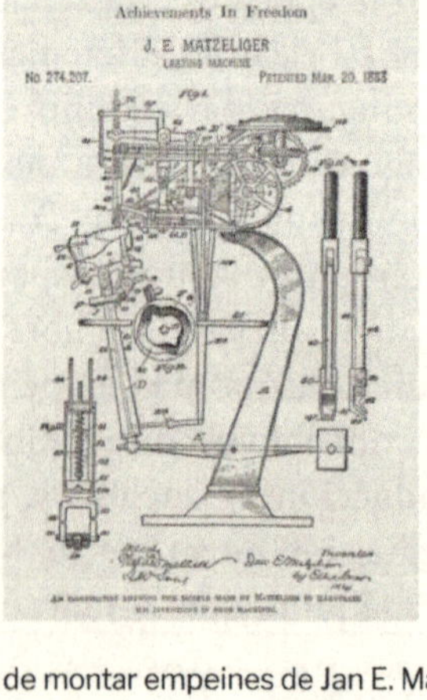

Máquina de montar empeines de Jan E. Matzeliger

GARRETT A. MORGAN

(1877-1963)

Lo que más nos ha llamado la atención de Garrett A. Morgan era su capacidad autodidacta y la inquebrantable y aguda conciencia social y política que lo animaba. Nacido en Paris (Kentucky) en 1877, era el séptimo hermano de una familia de once hijos. Morgan había terminado sus estudios de primaria cuando abandonó su ciudad natal con catorce años para ir a Cincinnati y después a Cleveland donde pasaría el resto de su vida. En esta ciudad aprendió mucho por su cuenta sobre máquinas de coser y terminó por trabajar como técnico ajustador para Roots and McBride. Pero en 1907 Morgan abrió su taller privado de reparación de máquinas de coser. Aportó un apoyo financiero a su madre que acababa de perder a su marido. En 1909, era dueño de un taller de costura donde se confeccionaban vestidos, trajes y abrigos. Fue entonces cuando Morgan inventó el primer fijador para cabello llamado *G.A. Morgan Hair Refining Cream*. Desde 1913 hasta nuestros días, la G.A. Morgan Refining Company ha seguido ofreciendo sus servicios en Cleveland con éxito.

No obstante, el año 1912 fue decisivo para Morgan y estuvo marcado por una de sus invenciones más importantes: una capucha de seguridad que pasaría a llamarse más tarde máscara antigás[1]. Esta máscara protegía al usuario contra humos y gases tóxicos sin entorpecer su respiración. Esta invención sería de gran utilidad y serviría a fines muy diversos. Además de los bomberos, los soldados

1 Número de patente* : 1, 113, 675, 13 de octubre de 1914.
*Citado por Aaron Klein en *The Hidden Contributors: Black Scientists and Inventors in America*, New York, Ed. Doubleday and Company, 1971, p.113.

americanos, durante la Primera Guerra Mundial, recurrieron a la máscara antigás de Morgan. Él mismo dio algunas indicaciones sobre la función y los eventuales usuarios de su invento: «Este invento, dijo, es eficaz y útil para la protección de los ingenieros, de los químicos y de todos aquellos que se vean expuestos a vapores nocivos o al polvo que emana de objetos sobre los que estén obligados a trabajar[2]». La National Safety Device Company aceptó fabricar y comercializar la capucha de seguridad de Morgan y nombró a este director general.

Garrett A. Morgan

Un acontecimiento excepcional puso a prueba la máscara antigás de Garrett A. Morgan. En julio de 1916, se produjo una terrible explosión en un túnel de Cleveland a más de ochenta metros bajo el lago Erie. Allí se encontraban treinta y dos hombres. Corrían el peligro de morir asfixiados debido al polvo y a los gases tóxicos que iban extendiéndose. Se pidió ayuda a Morgan, quien acompañado por su hermano Frank y con su máscara antigás

2 Citado por Louis Harber en *Black Pioneers of Science and Invention*, New York, Ed. Harcourt Brace Jovanovich, 1970, p.92.

puesta, penetró en el túnel y transportó a los heridos sobre su espalda. Así lograron salvarse casi todos. Los periódicos narraron estos hechos por todo Estados Unidos y Morgan fue aclamado como un héroe.

Este creó otro invento cuyo alcance universal no deja lugar a dudas: los semáforos de circulación[3] vial. Parece ser que Morgan fue testigo de un accidente en el que se vieron involucrados un automóvil, un caballo y un carro de caballos. Dos personas salieron eyectadas del carro. El conductor del automóvil se desmayó. El caballo estaba gravemente herido y tuvieron que abatirlo. El hecho de presenciar tal lamentable accidente conmocionó a Mogan. Poco tiempo después, diseñó y construyó el sistema de semáforos que se usan actualmente en todos los países del mundo. Morgan consiguió patentes de los gobiernos británico y canadiense por ese mismo invento. Sus derechos de autor se vendieron a la General Electric Corporation por 40 000 $, una cantidad de dinero considerable para aquella época.

El espíritu emprendedor y su facilidad para los negocios no eran los únicos rasgos de personalidad de Garrett A. Morgan, pues este también era plenamente consciente de las inigualdades y de las injusticias sociales que sufrían sus hermanos de raza. Como director general de la National Safety Device Company, incitaba a la «gente de color» a comprar acciones. Según él, los periódicos de Cleveland ignoraban a los hombres de negocios negros. Así pues, decidió crear un periódico, *The Cleveland Call*, que se convertiría más tarde en *The Call & Post*. Este periódico goza de una amplia distribución en Cleveland, Cincinnati y Columbus. Morgan ocupó el cargo de tesorero de la Cleveland Association of Colored Men de 1914 hasta su adhesión a la NAACP. Convencido de que los Negros no estaban políticamente bien representados, presentó su candidatura para ocupar un cargo en el Consejo Municipal

---

3 Número de patente*: 1,475,024, 20 de noviembre de 1923.
*Citado por Aaron Klein en *The Hidden Contributors: Black Scientists and Inventors in America*, New York, Ed. Doubleday and Company, 1971, p.121.

de Cleveland en 1931 aunque fracasó. Pero treinta y siete años más tarde, eligieron a Major Stokes como alcalde de Cleveland. Stokes fue el primer alcalde negro de una ciudad grande de Estados Unidos.

Aunque Garrett A. Morgan nunca fue a la universidad, sus trabajos obtuvieron un gran reconocimiento por su carácter práctico y utilitario. En 1914, recibió una medalla de oro de la Second International Exposition of Safety and Sanitation de la ciudad de Nueva York. Un grupo de notables de Cleveland le entregó una medalla de oro con diamantes incrustados en la que podía leerse: «Para Garrett A. Morgan, nuestro más honrado y valiente ciudadano[4]». Este homenaje alude en parte al coraje y a la entrega que demostró tener en la explosión del túnel de la que ya hemos hablado. La International Association of Fire Engineers lo condecoró con una medalla y lo nombró miembro honorífico. Morgan falleció el 27 de julio de 1963.

4 Citado por Louis Harber en Black Pioneers of Science and Invention, New York, Ed. Harcourt Brace Jovanovich, 1970, p.96.

FREDERICK MCKINLEY JONES

(1892-1961)

Al igual que Garrett A. Morgan, Frederick M. Jones fue un autodidacta. Nacido en 1892 en Cincinnati (Ohio), Jones solo fue a la escuela durante cuatro años. Siendo muy joven y rehusando someterse a la disciplina de un sacerdote al cuidado del cual lo habían entregado, Jones se escapó y se vio obligado a ganarse la vida haciendo pequeños trabajos. A los catorce años se convirtió en mecánico a tiempo completo en un garaje y, al cabo de un año, ascendió al puesto de encargado. Desde la adolescencia dio muestras de tener talento y un vivo interés por todo lo que estuviera relacionado de lejos o de cerca con la mecánica. Tras alistarse en el ejército americano durante la Primera Guerra Mundial, Frederick M. Jones destacó por su habilidad para reparar casi todo. Por consiguiente, no tardaron mucho, tanto por parte de las unidades militares negras como de las blancas, en solicitar sus servicios.

Jones desarrolló varios inventos por los que no se preocupó en obtener patentes. No obstante, obtuvo unos excelentes resultados en el ámbito de la refrigeración y construyó un aparato frigorífico transportable en largas distancias. Huelga decir que ese invento fue muy utilizado durante la Segunda Guerra Mundial. Ofrecía unas grandes ventajas: la conservación de productos congelados y su adaptabilidad a diferentes medios. También se atribuye a Jones la invención del climatizador[1] así como la del termostato[2].

1 Número de patente*: 2, 475, 841, 12 de julio de 1949.

2 Número de patente*: 2, 926, 005, 23 de febrero de 1960.
*Citado por *The Negro Almanac a Reference Work on the African American*, Fifth Edition, Detroit, London (U.S.A.), Ed. Gale Research Inc., 1989, p.1110.

Jones creó junto con Joseph Numero una compañía llamada Thermo-King que se impuso muy rápido. Si bien es cierto que sus trabajos no originaron ninguna nueva industria, al menos sí contribuyeron a enriquecerla.

En Estados Unidos, Frederick McKinley Jones era considerado como una autoridad en materia de refrigeración. Fue miembro de la American Society of Refrigeration Engineers y también trabajó como consultor para el Ministerio de Defensa (Defense Department) y para la Oficina de Normas de Estados Unidos (United States Bureau of Standards). En 1977, entró en el Minnesota Inventors Hall of Fame. Habiendo recibido un Doctorado *honoris causa* de la Brown University, falleció en 1961.

PHILIP G. HUBBARD

(1921-2002)

Philip Gamaliel Hubbard nació el 4 de marzo de 1921 en Macon, en el estado de Missouri. Perdió a su padre al poco tiempo de nacer. Su madre, que era maestra, tuvo que mudarse a Iowa y lo inscribió en una escuela en la que Hubbard era el único Negro. Al terminar sus estudios de secundaria, ingresó en 1940 en la Universidad de Iowa donde obtuvo el título de Ingeniero Químico en 1943. Tres años después, se graduó en Ingeniería Eléctrica. En 1949, obtuvo el título de postgrado Máster en Mecánica e Hidráulica y, en 1954, consiguió el doctorado en esas mismas disciplinas.

Al igual que otros científicos, Hubbard se dedicó al mismo tiempo a la investigación y a la docencia. En esta faceta profesional, comenzó como profesor adjunto de Hidráulica y de Mecánica en la Universidad de Iowa. En 1959, se convirtió en profesor agregado. Fue nombrado decano de Asuntos Académicos en 1966 y ejerció esa función hasta su jubilación, en 1991.

Su labor fue tan apreciada que instituyeron en su nombre tres premios anuales destinados a los estudiantes meritorios de la Universidad de Iowa. Su trabajo de docente y su formación de ingeniero le fueron de gran provecho en sus investigaciones científicas centradas en la dinámica de fluidos. En su época, existía la necesidad imperiosa de medir la turbulencia de los mismos. Se sabe que algunos conductos favorecen menos la turbulencia de unos fluidos que de otros. Hubbard creó un instrumento llamado anemómetro constituido por un hilo metálico muy tenue que se calienta con electricidad y que se sumerge en un fluido. Este invento permitió la medición de la turbulencia de fluidos. El anemómetro de Hubbard tiene un diámetro de cincuenta micrones. Para responder a las demandas del mercado, Philip G. Hubbard abrió una empresa de fabricación llamada Hubbard Instrument Company.

MEREDITH C. GOURDINE
(1929-1998)

Un gran número de eminentes científicos e intelectuales también son buenos deportistas. Albert Camus, Premio Nobel de Literatura en 1957, jugaba al fútbol como portero. Carl Sagan, científico contemporáneo, consejero de la NASA para los programas Apolo, Mariner, Viking y Voyager, se hizo con el título de campeón de baloncesto en Chicago. En la misma línea de ideas, el ingeniero Meredith Charles Gourdine consiguió en 1952, en los Juegos Olímpicos de Helsinki (Finlandia), la medalla de plata por una prueba de salto de longitud. ¿Pero quién era Meredith C. Gourdine?

Nacido en Nueva Jersey en 1929, Gourdine estudió en la Brooklyn Tech High School. Consiguió reunir el dinero suficiente para pagar su ingreso en la Universidad Cornell en 1948. Sus logros académicos le valieron la obtención de una beca de estudios. En la Universidad Cornell, Gourdine se apasionó por la física. En 1953, se graduó en esa disciplina y obtuvo su doctorado en 1960. Gourdine trabajó para la Aeronautical Division of Curtiss-Wright Corporation. Si bien es cierto que no fue un excelente hombre de negocios, ya que estuvo gestionando durante un tiempo su propia empresa, sus investigaciones se tradujeron en una apreciable aportación a la ciencia y a la tecnología.

Efectivamente, se considera a Gourdine un pionero en lo que podría llamarse «la electrogasdinámica[1]» (*electrogasdynamics, EGD*), es decir el estudio de las interacciones

1 Número de patente*: 3, 449, 667, 10 de junio de 1969
*Citado en *The Negro Almanac a Reference Work on the African American*, Fifth Edition, Detroit, London (U.S.A.), Ed. Gale Research Inc., 1989, p. 1109.

entre los campos electromagnéticos y las partículas cargadas suspendidas en el gas. La electricidad que produce es de alto voltaje. Es cierto que el descubrimiento de este fenómeno se remonta al siglo XVIII, pero su explotación había sido bastante limitada hasta el momento en que Gourdine descubrió la forma de producir la suficiente electricidad para el nivel de consumo del mundo moderno. Sus trabajos en electrogasdinámica suscitaron unos avances tangibles en cuatro ámbitos diferentes: la conversión de energía, el control de la contaminación del aire, la imprenta y el pulverizador de pintura. Gourdine también inventó un dispositivo llamado *incineraid* que reducía la contaminación provocada por los incineradores de los edificios de viviendas. Asimismo, creó un procedimiento capaz de expulsar la niebla en los aeropuertos y desarrolló un método de extracción del aceite del esquisto bituminoso. Meredith C. Gourdine fue recompensado por sus numerosos logros.

Fue elegido miembro de la National Academy of Engineering y obtuvo una citación del consejo científico del ejército americano. También formaba parte del Black Inventors Hall of Fame y en 1987 la Universidad del estado de Carolina del Norte le rindió homenaje por sus notables contribuciones.

GEORGE R. CARRUTHERS
(1939-)

El espíritu creativo de los inventores y científicos negros no se limitó a uno u otro campo del conocimiento, su alcance es más bien universal. Así lo demuestra el caso de un investigador aún vivo, George R. Carruthers que destacó en ciencias espaciales.

Nacido en Cincinnati (Ohio) en 1939, Carruthers proviene de una familia que le animó muy pronto a seguir una carrera científica. Su padre era ingeniero civil. Tras estudiar en el instituto Englewood, lo admitieron en 1957 en el Colegio de Ingeniería de la Universidad de Illinois. Obtuvo un *Bachelor's degree* en Ciencias en 1961, un máster en 1962 y un doctorado en 1964 en Ingeniería Aeronáutica y Astronómica. En 1966, trabajó como físico en el Naval Research Laboratory situado en Washington, D.C. Sus actividades profesionales le llevaron a colaborar en periódicos y en libros científicos entre los que podemos nombrar: *Astrophysical Journal*, Science (Holanda, 1974) y *Appolo 16 Preliminary Science Report* (NASA, SP-315, 1972). Su artículo «Television Sensors for Ultra-violet Space Astronomy» fue publicado por el Instituto de Astronomía y de Ciencias del Espacio de la Universidad de Columbia Británica (Canadá). Según el comandante de a bordo del Apolo 16, el astronauta John W. Young[1], Carruthers era el investigador principal del Naval Research Laboratory. Este título queda del todo justificado si atendemos al alcance de los trabajos realizados por el Dr. George R. Carruthers. En efecto, en 1969, hizo patentar un convertidor[2]

1 Ivan Van Sertima, *Blacks in Science Ancient and Modern*, New Brunswick (U.S.A.) and London (U.K.), Ed. Ivan Van Sertima, 1985, p. 261.

2 Número de patente*: 3, 478, 216, 11 de noviembre de 1969.

de imagen capaz de detectar radiaciones electromagnéticas. Ese aparato estaba concretamente concebido para ondas cortas. Carruthers inventó otro aparato híbrido especial llamado «cámara espectrográfica» que el Apolo 16 transportó e instaló sobre la Luna en 1972. Se convirtió en una de las herramientas más eficaces de aquellas destinadas a informar a los especialistas sobre la estructura física del universo. Este invento se utilizó, tras someterlo a algunas modificaciones, en el laboratorio Skylab 4. John W. Young afirmó sobre el mismo: «Es el primer telescopio que se emplea a partir de otro cuerpo celeste[3]».

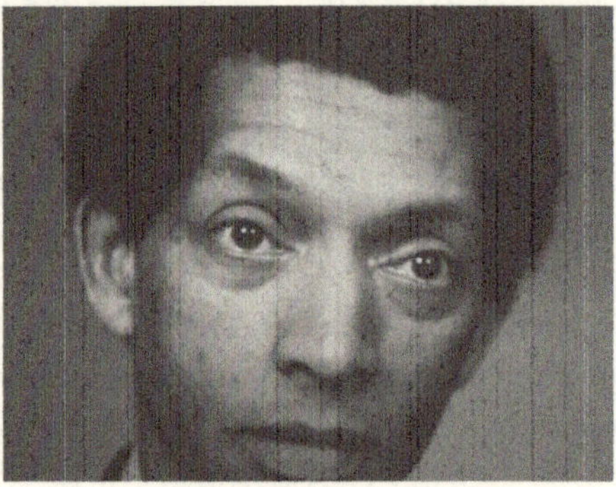

George R. Carruthers

George R. Carruthers fue condecorado por varias instituciones de prestigio. La NASA le entregó en 1972 una medalla por el valor y la originalidad de sus investigaciones (NASA Exceptional Achievement Medal). La Sociedad Americana de Astronomía también le concedió el premio Warmer. La Universidad de Tecnología de Michigan le otorgó el título honorífico de doctor en ingeniería. Como miembro de la National Science Foundation de Estados Unidos, Geroge R. Carruthers recibió en 1971 el premio Arthur S. Fleming. Sus artículos científicos han aparecido en publicaciones de renombre como la revista *Science*.

---

*Ibid, p.260.

3 Ibid., p.261.

WESLEY L. HARRIS

(1941-)

Nacido en 1941 en Richmond (Virginia), Wesley Leroy Harris terminó sus estudios de secundaria en la Armstrong High School en 1960. Sentía un vivo interés por las matemáticas y la física. Harris siguió el programa de Ingeniería Aeroespacial de la Universidad de Virginia. Lo eligieron para presentar al Dr. Martin Luther King Jr durante la visita que este hizo a la institución. En 1964, Harris se tituló con un *Bachelor's degree*, en 1966 se postgraduó con un máster y finalmente obtuvo un doctorado en 1968 en la Universidad de Princeton. Después, regresó a la Universidad de Virginia como profesor de Ingeniería. Dejó este puesto de trabajo para ir a dar clases de Física en la Southern University (Luisiana). De 1972 a 1979, trabajó como docente de Aeronáutica y de Astronáutica en el MIT. Wesley L. Harris trabajó en la NASA y llevó a cabo simultáneamente dos actividades que nos parecen complementarias: la enseñanza y la investigación. También publicó numerosos artículos científicos. Sus investigaciones se centraron principalmente sobre el comportamiento de las ondas de choque en la mezcla de gases y sobre los nuevos métodos de análisis del sonido aerodinámico, el que provocan concretamente los rotores de los helicópteros. Los descubrimientos de Wesley L. Harris ayudaron al Ministerio de Defensa de Estados Unidos a construir helicópteros militares más silenciosos. El equipo de investigadores que trabaja actualmente en la NASA bajo su dirección orientó sus esfuerzos hacia el desarrollo y la creación de medios de transporte supersónicos avanzados y de nuevos ordenadores gigantes capaces de mejorar los nuevos modelos de aviones. En paralelo a sus funciones en la NASA o en el Consejo Científico del Ejército Americano, Harris actuó como consejero en comisiones o en comités consultivos tales como: The National Research Concils Commission on Engineering and Technical Systems, the Board On Engineering Education, The Air Force Studies Board y The National Science Foundation's Engineering Advisory Committee.

La participación de Wesley L. Harris en estos diferentes organismos no hace más que confirmar su valor como científico. Por ello, queremos recalcar que Harris fue objeto de otras marcas de distinción: recibió el premio del American Institute of Aeronautics and Astronautics por sus investigaciones sobre las turbulencias del aire sobre algunas superficies. En 1992, se convirtió en miembro de ese instituto.

KITAW EJIGU

(1948-2006)

Al igual que Philip Emeagwali o Tilahun D. Yilma, Kitaw Ejigu recibió una formación multidisciplinaria que desembocó en una especialización. Este científico que en un momento dado no tuvo reparos en entrar en política, nació en Bonga (Keffa, Etiopía) en 1948. Estudió secundaria en su país natal. Titulado en Ingeniería Mecánica en 1966, logró colocarse entre los primeros de su promoción y trabajó durante dos años en Etiopía. Tras conseguir una beca, viajó en 1972 a Japón donde estudió Ingeniería del Automóvil en la Universidad de Hiroshima. También estudió Economía en la Universidad de Osaka. Ejigu se marchó de Japón en 1979 para ir a Estados Unidos donde se postgraduó en la Universidad Northrop (California) con un máster en Ciencias y otro en Gestión Comercial (MBA). Tras doctorarse en Ingeniería Aeroespacial, fue contratado por empresas altamente especializadas en ese ámbito como Boeing, Rockwell International o la NASA. Concretamente, Kitaw Ejigu trabajó para el JPL (Jet Propulsion Laboratory) de la NASA. Allí fue donde, solo en parte, mostró de lo que era capaz, ya que murió en 2006 durante un viaje a Texas. Ejigu desarrolló, en colaboración con otros ingenieros, un simulador de vuelo y participó en la elaboración de lo que se conoce comúnmente como GPS (*Global Positioning System*: localización automatizada mediante un conjunto de satélites). La NASA presentó dos patentes por sus invenciones.

Aún habiendo buscado, no hemos podido recopilar ninguna muestra oficial (premios, distinciones) de reconocimiento en relación con la labor del Dr. Kitaw Ejigu. Pero el hecho de haber sido contratado por las grandes empresas anteriormente mencionadas ¿No constituye ya en si mismo una prueba de sus competencias?

CHEICK M. DIARRA

(1952-)

«Como científico que trabaja para la NASA, siempre me he preocupado en contribuir de alguna manera al bien de África... Hay que conseguir ofrecer una nueva imagen de la nueva generación de africanos, que ya no quieren verse a si mismos como a personas mantenidas, ayudadas...[1]» Éstas son las palabras con las que Cheick Modibo Diarra se expresaba durante una entrevista para el semanal *L'Autre Afrique*. Estas declaraciones que le honran revelan una toma de consciencia histórica en la que deberían inspirarse todos los intelectuales del Tercer Mundo.

Nacido en 1952 en Nioro, Mali, inmenso estado de África Occidental y antiguo imperio en los siglos XI y XVII, Cheick M. Diarra destaca en primer lugar por su multilingüismo. Habla cinco idiomas: el bambara, su lengua materna, el francés, el inglés, el árabe y el ruso. Al final de sus estudios en Bamako, Cheick M. Diarra se trasladó a Francia donde completó su formación en el liceo de Cachan. Tras titularse en Mecánica, emigró a Estados Unidos. En la Universidad de Howard, en Washington, estudió Mecánica Espacial, de enero de 1980 a mayo de 1982, mientras preparaba su máster en Ingeniería Aeroespacial. Su tesis se titulaba *Shuttle Tethered Sub-satellite ou STS* y trataba sobre el control de satélites unidos a la nave por un cable. La NASA, que se interesó por ese tema, le concedió una beca. Una vez inscrito en el programa de doctorado en Ingeniería Mecánica, Diarra se centró en analizar en su tesis *Shuttle Control Laboratory Experiment* las teorías

1 *L'autre Afrique*, nº 73, del 22 de diciembre de 1998 al 5 de enero de 1999, p. 69.

sobre el control de las plataformas espaciales. Había que encontrar la manera de asignar a las plataformas orbitales una posición predeterminada en un mínimo de tiempo y con un máximo de precisión sin que estas se deformaran. En 1987, la Universidad Howard le concedió el título de doctor. Sin dejar a un lado sus investigaciones, Diarra daba clases de Dinámica Avanzada en la Universidad del Estado de California a ingenieros que ya trabajaban en la industria aeroespacial. De hecho, pasó la mayor parte de su tiempo al servicio del Jet Propulsion Laboratory (JPL) que pertenece a la NASA desde 1958, año de la creación de esta famosa institución pluridisciplinaria. ¿En qué consistía exactamente la función de Cheick M. Diarra en la NASA?

Nos propone una respuesta a esta pregunta en su obra *Navegador interplanetario*: «Aunque mi actividad no haya consistido más que en hacer y en rehacer cálculos —nunca he tocado un perno o limado la superficie de un metal—, mis cálculos tenían una aplicación inmediata, pero sobre todo, durante esos años en el JPL, dejé de rehacer lo que ya se había hecho. Por primera vez, tenía que anticiparme a los resultados. Vivir como un aventurero, abrir nuevas vías[2]». Como ingeniero y matemático, Diarra no solo participó en la misión del Mars Pathfinder (1997), la más famosa, sino también en otras cinco misiones espaciales: Magellan (1989), Mars Observer (1993), Galileo (2003) y Ulises (1990-2009). Nos limitaremos a aportar algunos elementos esenciales sobre las misiones Mars Pathfinder y Ulises.

Esta última tenía un carácter más internacional ya que tanto la Agencia Espacial Europea como el Jet Propulsion Laboratory (NASA) se encargaron de desarrollarla. Tenía como objetivo estudiar el Sol, el astro más importante de nuestro sistema. Diarra fue el encargado de realizar los cálculos que servirían para establecer los parámetros de las maniobras de navegación. A continuación, los europeos

2 Cheick Modibo Diarra, *Navigateur interplanétaire*, Paris, Ed. Albin Michel, 2000, p.324.

debían verificar sus propuestas utilizando sus propios programas. Diarra escribió un algoritmo capaz de fijar las dos mejores fechas para proceder a dos maniobras, y de minimizar, por consiguiente, la cantidad necesaria de combustible. La sonda llegó a Júpiter y produjo exactamente los resultados previstos. Así terminó la tarea encomendada a Diarra. Pero su aportación siguió siendo de gran provecho en cada una de las misiones interplanetarias.

En lo referido a la misión llamada Mars Pathfinder, tuvo un impacto mediático impresionante. Debía servir para probar un nuevo método de aterrizaje utilizando globos hinchables y para crear un aparato capaz de desplazarse sobre el suelo marciano. La NASA acopló a la sonda un pequeño aparato llamado «rover», un vehículo teledirigido parecido a un juguete para niños. Lo llamaron Sojourner en recuerdo de una mujer negra que había luchado contra la esclavitud. Hay dos maquetas de esta sonda expuestas en el JPL y en el Air and Space Museum de la Smithsonian Institution de Washington D.C. Diarra trazó la navegación de la Mars Pathfinder mediante cálculos que tenían en cuenta diferentes parámetros: el peso de los diferentes componentes de la sonda, la cantidad total de combustible, las dimensiones de los depósitos, las características de los motores utilizados, el punto de mira, etc. Esta misión fue un brillante éxito. Esto fue lo que Diarra comentó sobre la misma: «Tras el aterrizaje en la zona conocida con el nombre de Ares Vallis, los pétalos de la sonda se abrieron y la enderezaron. Se había estimado que la duración de vida del "rover" sobre Marte sería de una semana, y la del aterrizador, de un mes: los dos funcionaron durante al menos noventa días. Se grabaron más de 2,3 gigabits de datos, entre los cuales había unas 16 500 fotos tomadas por el aterrizador y unas 550 por el "rover", así como 16 análisis químicos de rocas y 8,5 millones de unidades de información en mediciones meteorológicas[3]». Mars Pathfinder dio

3 1Ibid, p.291

a conocer a los científicos la riqueza en agua de este planeta. Las primeras investigaciones revelaron la presencia de silicio sobre el suelo marciano. También se recogieron piedras pulidas y fragmentos de piedra aglutinados. Durante un largo período de tiempo, para poder estudiar a fondo los datos recogidos a lo largo de esta misión, serán necesarios los servicios de un gran número de especialistas como geólogos, meteorólogos, físicos, astrónomos, hidrólogos y químicos.

A día de hoy, Cheick Modibo Diarra está involucrado en un proyecto, una vez más por cuenta de la NASA, que tiene como objetivo medir con detalle los campos de gravedad alrededor de la Tierra. Sin lugar a dudas, su contribución al desarrollo de las ciencias del espacio fue digna de una gran admiración. Además, le valió una serie de prestigiosas recompensas. El 25 de octubre de 1998, el Banco Mundial y el Fondo Monetario Internacional (FMI) le otorgaron un premio con motivo del Africa Day. En 1997, durante una gira por su país natal, Cheick M. Diarra tuvo la agradable sorpresa de ver cómo unos estudiantes de instituto tomaban la iniciativa de fundar en Bamako «la Asociación del Dr. Cheick Modibo Diarra». El Gobierno de Mali puso en circulación un sello con su imagen. En 1998, la Unesco lo nombró embajador de buena voluntad. Esta vez tenía como misión infundir en los jóvenes de todo el mundo, y en especial a los de África, la pasión por la ciencia. Fue el primer africano y ciudadano americano en recibir semejante honor. Desde entonces, el nombre de Diarra figura entre los de otros embajadores de buena voluntad de la Unesco como la actriz francesa Catherine Deneuve o el antiguo jugador de fútbol brasileño Edson Arantes do Nascimento conocido como Pelé. Más allá de sus inusuales cualidades como jefe de misiones científicas de un nivel excepcional, nos ha impresionado su generosidad, su capacidad de abrirse al mundo y su fidelidad a sus orígenes, que se traduce en un interés por contribuir en la mejora de la vida cotidiana africana. «El siglo XXI, escribía Diarra, puede convertirse en el de África siempre y cuando se proteja lo que este continente tiene de más valor, su capital humano, y se construya un futuro sin precariedad alimentaria y sin guerras fratricidas. Un futuro en el que cada niño tendrá una escuela, un grifo de agua potable y una bombilla eléctrica alimentada por una pila solar, una planta eólica o una presa. Este será mi cometido, arrastrando a mi paso a todos los hombres y mujeres de buena voluntad que la suerte quiera poner en mi camino[4]».

4 Ibid., p.330

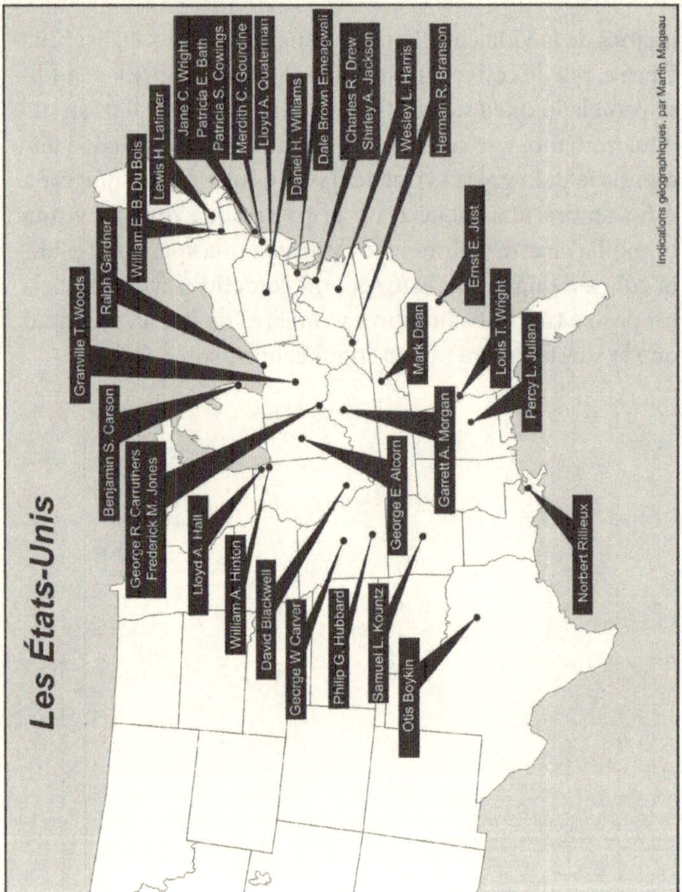

Estados Unidos
Fuente: Corel Cliparts (esquina inferior izquierda)
Indicaciones geográficas por Martin Mageau (esquina inferior derecha)

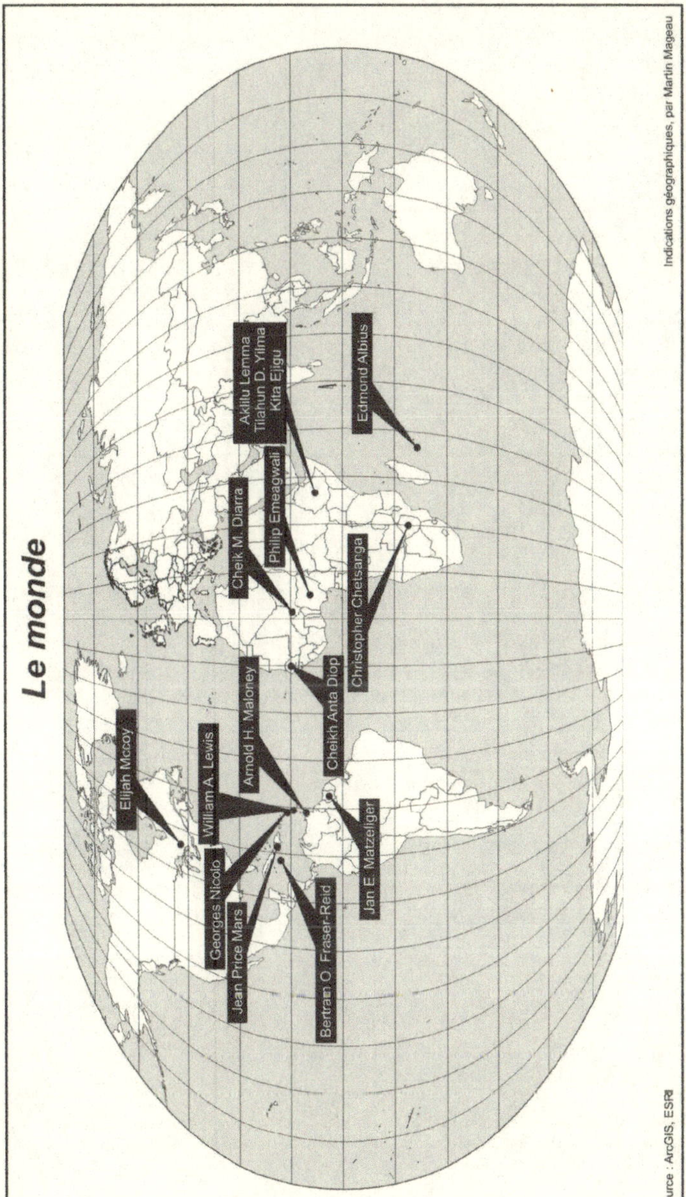

El mundo
Fuente: ArcGIS, ESRI (esquina inferior izquierda)
Indicaciones geográficas por Martin Mageau (esquina inferior derecha)

OTROS INVENTORES Y CIENTÍFICOS NEGROS

INVENTORES Y CIENTÍFICOS	INVENCIONES O CAMPOS DE INVESTIGACIÓN
Anderson, Gloria L. (1938-)	Química
Asfaw, Berhane (Etiopía)	Paleontología humana
Banneker, Benjamin (1731-1806)	Astronomía y matemáticas
Beard, Andrew J. (1850-1910)	Acoplador de vagones
Benjamin, Ivor J. (Guyana)	Cardiología, Universidad de Utah (EE.UU.)
Blair, Henry (1804-1860)	Máquina de plantar maíz y algodón
Blanchard, Hervé (Haití)	Pionero del trasplante renal en Quebec
Bonny, Yvette (Haití)	Realizó el primer injerto óseo en un niño en Quebec (Canadá)
Bouchet, E. Alexander (1852-1918)	Física
Callender, Clie O. (1936-)	Medicina
Coleman, W. John (1929-)	Física
Cox, Elbert F. (1895-1969)	Matemáticas
Darden, Christine (1942-)	Ingeniería aeronáutica

INVENTORES Y CIENTÍFICOS	INVENCIONES O CAMPOS DE INVESTIGACIÓN
Ferguson, Lloyd (1918-)	Química
Fuller, Solomon (1872-1953)	Neuropatología y psiquiatría
Granville, Evelyn B. (1924-)	Matemáticas
Henson, Mathew A. (1866-1955)	Exploración del Polo Norte
Imes, Elmer S. (1883-1941)	Física
Jemison, Mae (1956-)	Medicina
Johnson, Katherine (1918-)	Pionera en aeronáutica
Johson, Lonnie G. (1949-)	Tecnología
King, Reatha C. (1938-)	Química
Long, Irene D. (1951-)	Medicina y ciencias de la vida en el espacio
Lowe, Henry (Jamaica)	Investigación sobre una planta anticancerígena
Massie, Samuel (1919-2005)	Química
Moon, John P. (1938-)	Informática
Nabrit, Samuel (1905-2003)	Biología
Patrick, Jennie R. (1949-)	Ingeniería química
Paul, Arnold (Haití)	Física nuclear (Francia)
Peery, Benjamin (1922-2010)	Astronomía
Shaw, Earl D. (1937-)	(Co)inventor del láser Raman

INVENTORES Y CIENTÍFICOS	INVENCIONES O CAMPOS DE INVESTIGACIÓN
Smith, Patrice (Jamaica)	Investigación sobre la reparación del sistema nervioso por si mismo
Spikes, Richard B. (?-1962)	Caja de cambios de velocidad automática
Temple, Lewis (1800-1854)	El arpón (instrumento de pesca)
Thomas, Vivien (1910-1985)	Investigación en instrumental quirúrgico
Turner, Charles H. (1867-1923)	Psicología animal (en particular de los insectos)
West, Harold D. (1904-1974)	Bioquímica
West, James E. (1931-)	(Co)inventor del micrófono
William, Oswald S. (1921-)	Ingeniería aeronáutica
William, Paul R. (1894-1980)	Arquitectura

BIBLIOGRAFÍA

Akoka, Jacky y Comyn-Wattiau (bajo la dirección de), *Encyclopédie de l'informatique et des systèmes d'information,* Paris, Éd. Vuibert, 2006

Albers, Donald J. y Alexanderson, G.L., *Mathematical People Profiles and Interviews*, Birkauser, Boston, Basel Stuttgart, 1985.

Alexander, Ken y Glaze, Avis, *Towards Freedom The African-Canadian Experience,* Toronto, Ed. Umbrella Press, 1996

Appiah, Kwane Anthony y Gates Jr, Henry Louis (bajo la dirección de) *Africana* The Enciclopedia of the African American Experience, New York, Ed. Basic Civitas Books, 1999.

Atlan, Henri, «Temps biologique et auto-organisation» en *Communications*, Paris, Éd. Du Seuil, 1985, p.123-131.

Balle, Francis, *Médias et société*, Paris, Ed. Montchrestien, 1980.

Bertley, Leo W., *Canada and Its People of African Descent*, Pierrefonds (Quebec), Ed. P. Bilongo, 1977.

Beti, Mongo y Tobner, Odile, *Dictionnaire de la négritude*, Paris, Ed. L'Harmattan, 1989.

Bonambela Nya, Príncipe Bétotè Dika-Akwa, *Problèmes de l'anthropologie et de l'histoire africaines*, Yaoundé, Ed. Clé, 1982.

Borman, Stu, *Chemical & Engineering News C & EN*, Washington, February 1, 1993.

Bowker, R.R., *American Men & Women of Science*, 1992-1993, 18th Edition, New Providence, New Jersey.

Brodie, James Michael, *The lives and Ideas of Created Equal Black American Inventors*, New York, Ed. William Morrow and Company, 1993.

Bruce, Lambert, «Lincoln Hawskins, chemist and mentor for black scientists», *The New York Times*, vol. 141, August 24, 1992.

Burt, McKinley, *Black Inventors of America*, Portland (OR), Ed. National Book Company, 1989.

Canadian who's Who, Toronto, University of Toronto Press, 2010

Cárdenas, Eduardo (bajo la dirección de), *20 000 Biografías Breves Diccionario Biográfico universal*, New York, Ed. Enciclopedia Moderna, 1963.

Carson, Ben y Murphy, Cecil, *Gifted Hands The Ben Carson tory*,

Michigan, Ed. Zondervan and Herald Publishing Association, 1990.

Cashmore, Ellis, *Dictionary of Race and Ethnic Relations*, 3rd Edition, London, New York, 1995.

Chemistry in Canada, vol. 29, no 6, June 1977.

Clark, Glenn, *The Man who talks with the Flowers, The Life story of Dr George Washington Carver*, Minnesota, Ed. Publishing Company, 1999.

Cobb, W. Montague, «Ernest Everett Just, 1887-1941», *Journal of the National Medical Association*, vol. 49, 1957, p. 349-351.

Comment ça marche, Encyclopédie pratique des inventions et des techniques, Paris, Ed. Atlas, 1980.

Coppens, Yves, «Les origines de l'homme» en *Historia*, no 50, nov.-déc. 1997.

Coulibaly, Elisée, «L'archéologie, science oubliée des études africanistes françaises» en *L'Africanisme en questions*, Paris, Ed. Centre d'études africaines, EHESS, 1997.

Dakin, Eli, *Black Achievers*, Cassopolis (Michigan), Ed. C & M Publishing, 1989.

David, Crystal, *The Cambridge Biographical* Encyclopedia, Cambridge, Ed. University Press, 1994.

De Groot, Morris H., «A conversation with David Blockwell», *Statistical Science a Review Journal of the Institute of Mathematical Statistics*, vol. 1, no 1, February 1986, p.40-53.

Diagne, Pathé, *Cheikh Anta Diop et l'Afrique dans l'histoire du monde*, Paris, Ed. L'Harmattan, 1997.

Diarra, Cheick M., *Navigateur interplanétaire L'extraordinaire aventure d'un enfant du Mali parti à la conquête de Mars*, Paris, Ed. Albin Michel, 2000.

Dictionnaire des inventeurs et inventions, Paris, Ed. Larousse, 1996.

Dictionnaire français de médecine et de biologie (4 vol.), Paris, Éd. Masson et Cie, 1970.

Diop, Cheikh Anta, «De l'identité culturelle» en *L'Affirmation de l'identité culturelle et la formation de la conscience nationale dans l'Afrique contemporaine*, Paris, Ed. Unesco, 1981, p.63-73.

Diop, Cheikh Anta, «Origine des anciens Egyptiens» en *Histoire générale de l'Afrique II. L'Afrique ancienne*, Paris, Ed. Unesco, vol II, 1980, p.39-72.

Diop, Cheikh M'Backé, *Cheikh Anta Diop L'homme et l'œuvre*, Dakar, Éd. Présence Africaine, 2003.

Downing, Lewis K., «Contributions of Negro Scientists», *The Crisis*, vol. 46, nº 6, June 1939.

Ebony, 2000 Special Millennium Issue, vol. LV, nº 2, December 1999, p.84-91.

Ebony, vol. 46, June 1991.

Éla, Jean-Marc, «Conscience historique et révolution africaine chez Cheikh Anta Diop» en *Présence Africaine*, no 149 / 150, 1989, p.161-192.
Éla, Jean-Marc, Cheikh *Anta Diop ou l'honneur de penser*, Paris, Éd. L'Harmattan, 1989.
Éléments d'histoire des sciences, Paris, Ed. Bordas, 1991.
Encyclopedia of Science and Technology, McGraw Hill, vol. 17, 1990.
Encyclopedia Universalis, Paris, Ed. Encyclopaedia Universalis, vol. 4, 1980.
Encyclopédie des sciences et des techniques, Paris, Ed. Presse de la Cité, 10 vol. 1975.
Encyclopédie des sciences, Paris, Éd. Librairie générale française, 1998.
Firmin, Anténor, *De l'égalité des races humaines*, Paris, Ed. Pichon, 1885.
Fyle, C. Magbaily, *Introduction to the history of African Civilization*, Lanham, New York, Oxford, 1999.
Giscard d'Estaing, Valérie-Anne, *Le livre mondial des Inventions, 2000 ans de création*, Paris, Ed. XO, 2002.
Grawitz, Madeleine, *Lexique des sciences sociales*, Paris, Éd. Dalloz, 2004.
Green, Richard L., *A Salute to Black Scientists and Inventors*, Chicago, Ed. Empak Enterprises, 1985.
Hancock, Sibyl, *Famous Firsts of Black Americans*, Louisiana, Ed. Pelican Publishing Company Gretna, 1987.
Harber, Louis, *Black Pioneers of Science and Invention*, New York, Ed. Harcourt Brace Jovanovich Inc., 1970.
Harrison, Paul Carter, *Black Light the African American Hero*, Ed. Thunder's Mouth Press, 1993.
Iniesta, Ferrán, *L'univers africain. Approche historique des cultures noires*, Paris, Ed. L'Harmattan, 1995.
Inventeurs et scientifiques, Paris, Éd. Larousse, 1994.
Inventors and Discoverers, Changing our World, Washington, Ed. National Geographic Society, 1988.
Jacquard, Albert y Kahn, Axel, *L'avenir n'est pas écrit*, Paris, Ed. Bayard, 2001.
Jacquard, Albert, *L'équation du nénuphar*, Paris, Ed. Calmann-Lévy, 1998.
Jenkins, Edward S., To *Fathom More African American Scientists and Inventors*, Lanhan, New York, London, Ed. University Press, 1996.
Klein, Aaron, T*he Hidden Contributors: Black Scientists and inventors in America*, New York, Ed. Doubleday and Company, 1971.
L'autre Afrique, no 73, du 23 décembre au 5 janvier 1999, p.60-70.
L'*État des sciences et des techniques*, Paris / Montréal, Ed. La découverte Maspéro, Boréal Express, 1983.
La Presse, Montréal, vendredi 6 septembre 1996, p. A6.

Lara D. Oruno, *La naissance du Panafricanisme, Les racines caraïbes, américaines et africaines du mouvement au XIXe siècle*, Paris, Ed. Maisonneuve et Larose, 2000.

Laroche, Josepha, *Les Prix Nobel*, Paris, Ed. P.U.F., coll. Que sais-je? 1995.

Le Point, Hors-série, avril-mai 2009.

Lee, George L., *Interesting People Black American History Makers 1945-48 and 1970-86*, New York, Baltimore Book Edition, 1992.

Lévi-Strauss, Claude, *Race et Culture*, Paris, Ed. Gonthier, 1961.

Levy, Isabelle, *Nobel 100 ans de prix 100 ans d'histoires*, Ville de Sevrau, Ed. Josette Lyon, 2001.

Leymarie, Philippe, «L'Afrique de Cheikh Anta Diop de François Xavier Fauvelle» en *Le Monde diplomatique*, Paris, février, 1998, p.30.

Logan, Rayford W. y Winston, Michael R., *Dictionary of American Negro Biography*, New York, 1982.

Low, Augustus W. Y Clift, Virgil A., *Encyclopedia of Black America*, New York, Ed. McGraw-Hill Company, 1981.

Mankiewicz, Richard, *L'histoire des mathématiques*, Paris, Éd. du Seuil, 2001.

Manuila, L. et al., *Dictionnaire médical* Manuila, Paris, Éd. Masson, 2004.

Mars, Jean Price, «George Washington Carver La carrière d'un homme de génie», *Cahiers d'Haïti*, janvier 1945, p.29-39.

Maxime's Bakery, *America'Black Heritage Calendar*, s.l.d.

McLeish, Kenneth y Valérie, *L'encyclopédie des hommes célèbres 1200 acteurs de l'histoire du monde*, Great Britain, Ed. Mango, 1992.

McMurray, Emily J., *Notable Twentieh-Century Scientists*, Vol. 3 L-R, New York, Ed. Gale Research Inc., 1995.

Mesure, Sylvie y Savidan, Patrick (bajo la dirección de), *Le dictionnaire des sciences humaines*, Paris, Éd. P.U.F., 2006.

Morazé, Charles, *La science et les facteurs de l'inégalité*, Paris, Ed. Unesco, 1979.

Morvan, Pierre (bajo la dirección de), *Dictionnaire de l'informatique Acteurs, concepts, réseaux*, Paris, Ed. Larousse, 2000.

Munnich, Arnold, «Génome, après le tapage» en *Le Monde*, Paris, vendredi 2 mars 2001, p.18.

New York Times, «Dr Carver is Dead: Negro Scientists», January 6, 1943, p.25.

Nobel Prize Winners, *An H. W. Wilson Biographical Dictionary*, New York, Ed. The H. Wilson Company, 1987.

Oakes, Elizabeth H., *International* Encyclopedia of Women Scientists, New York, Ed. Facts On File, Inc, 2002.

Obenga, Théophile, «Méthode et conceptions historiques de Cheikh Anta Diop» en *Présence Africaine* nº 74, 1970, p.3-28.

Obenga, Théophile, *L'Afrique dans l'Antiquité Égypte pharaonique – Afrique noire*, Paris, Ed. Présence Africaine, 1973.
Obenga, Théophile, *Le sens de la lutte contre l'africanisme eurocentriste*, Paris, Ed. L'Harmattan, Kherepa, 2001.
Passevant, Christiane y Portis, Larry, *Dictionnaire Black*, Paris, Ed. Jacques Grancher, 1995.
Pêcheux, Michel y Fichant, Michel, *Sur l'histoire des sciences*, Paris, Ed. Maspéro, 1971.
Pfouma, Oscar, *Histoire culturelle de l'Afrique noire*, Paris, Ed. Publisud, 1993.
Piquion, René, *Le second souffle*, Port-au-Prince, imp. Henri Deschamps, 1973.
Piquion, René, *Manuel de négritude*, Port-au-Prince, Éd. Henri Deschamps, s.f.
Quenauvillers, Jacques (bajo la dirección de), *Dictionnaire médical*, Paris, Éd. Masson, 2009.
Rapin, Maurice (bajo la dirección de), *Le grand dictionnaire encyclopédique médical*, Paris, Éd. Médecine-Sciences et Flammarion, 1986.
Ribbe, Claude, *Alexandre Dumas Le dragon de la reine*, Paris, Ed. du Rocher, 2002.
Romain, J.-B., «Jean Price-Mars ethnologue», *Conjonction Revue franco-haïtienne*, vol. XXIV, no 2, 1969, p.3-7.
Rousseau, Pierre, *Histoire de la science*, Paris, Ed. Fayard, 1945.
Rousseau, Pierre, *Histoire des techniques et des inventions*, Paris, Ed. Fayard, 1960.
Salem, Lionel, *Le dictionnaire des sciences*, Paris, Éd. Hachette, 1990.
Salley, Columbus, *The Black 1001 A ranking of the most influential African American Past and Present*, New York, Ed. A Citadel Press Book Carol Publishing Group, 1994.
Salomon, Jean-Jacques, *Science et politique*, Paris, Ed. Economica, 1989.
Sammons Ovelton, Vivian, *Black in Science and Medecine*, New York, Washington, Philadelphia, London, Ed. Hemisphere Publishing Corporation, 1990.
Science, vol. 240, nº 4854, May 13, 1988.
Sciences et techniques, Paris, Ed. Larousse, coll. Théma, vol. 3, 1990.
Sélection du Reader's Digest, Les inventions qui ont changé le monde, Paris-Bruxelles-Zurich-Montréal, 1983.
Sertima, Ivan V., *Blacks in Science Ancient and Modern*, New Brunswick (U.S.A.) and London (U.K.), Ed. Ivan Van Sertima, 1985.
Sidney, Elliott, *Celebrating Black Scientists and Inventors*, Toronto, Ed. Village Books, 1992.
Sloam, Irving J., *The Blacks in America 1492-1976*, U.S.A., Ed. Ocean Publications Inc., 1977.

Sorman, Guy, *Les vrais penseurs de notre temps*, Paris, Ed. Fayard, coll. Le livre de poche, 1989.

Témoignages sur la vie et l'œuvre du Dr Jean Price Mars, Port-au -Prince, imp. de l'État, 1956.

The *African-American Almanac*, 6th Edition, Detroit, Washington D.C., London, Ed. Kenneth Estell, Gale Research Inc., 1994.

The Biographical Dictionary Scientists, 2nd Edition, New York, Ed. Oxford University Press, 1994.

The Negro Almanac, A Reference Work on the African American, 5th Edition, Detroit, London, Ed. Gale Research Inc., 1989.

Tietjen, Gary L., *A Topical Dictionary of Statistics*, New York, London, Ed. Chapman and Hall, 1986.

Unesco, *Histoire générale de l'Afrique Méthodologie et Préhistoire africaine*, Paris, Ed. Jeune Afrique / Stock / Unesco, 1980.

Unesco, *Le peuplement de l'Égypte ancienne et le déchiffrement de l'écriture méroitique*, Paris, Ed. Unesco, 1978.

Unesco, *Voix multiples Un seul monde Communication et société Aujourd'hui et demain*, France, Les Nouvelles Éditions Africaines et l'Unesco, 1980.

Van Nostrand's Scientific Encyclopedia, New Jersey, Ed Wiley-Interscience, 10th Edition, 2008.

Wane, Fabrice Hervieu, «Cheikh Anta Diop, restaurateur de la conscience noire» en *Le Monde diplomatique*, Janvier 1998, p. 24-25.

Who's who Among Black Americans, 8th Edition, 1994-95, Detroit, Washington D.C., London, Ed. Shirelle Phelps and Gale Research Inc., 1994-95.

Who's who in America, 48th Edition, New Jersey, Ed. Marquis, 1994, vol.1.

Who's who in America, 49th Edition, New Jersey, Ed. Marquis, 1995, vol. 1.

Who's Who in Science and Engineering, 10th Edition, New Jersey, Who's Who in America Publication, 2008-2009.

William, Dawn P., *Who's Who in Black Canada*, Toronto, University of Toronto Press, 2006.

World of Scientific Discovery, Detroit, Washington, London, Ed. Gale Research Inc., 1994.

World Who's who in Science, A Biographical Dictionary of Notable Scientists From Antiquity to the Present, Chicago, Ed. Marquis who's who, 1968.

Wynes, Charles, *Charles Richard Drew: The Man and the Myth*, University of Illinois, 1988.

Yount, Lisa, *American Profiles Black* Scientists, New York, Ed. Facts on File Inc., 1991.

Ziegler, Jean, *Main basse sur l'Afrique*, Paris, Ed. du Seuil, 1978.

PÁGINAS WEB CONSULTADAS

http://www.africamaat.com
http://www.africau.edu/news_cal/news_guest.htm
http://www.alter-actif.com/prix_nobel_alternatif.php
http://www.ethiopianmillennium.com/science.html
http://100greatestzimbabweans.blogspot.com
http://www.lepoint.fr/archives.php./56692
http://www.interamerica.org/users/index.php
http://www.Unesco.org/bpi/eng/Unescopress/
http://fr.wikipedia.org/wiki/

ÍNDICE DE NOMBRES CITADOS

E

F

G

H

M

N

P

ÍNDICE DE ILUSTRACIONES

1 Donación del químico

2 Ebony, June 1991.

3 La NASA

4 Mathematical People Profiles and Interviews, 1985.

5 Ebony, June 1991

*Las otras ilustraciones provienen del Schomburg Center Research in Black Culture, Nueva York.

ÍNDICE